中华青少年科学文化博览丛书·气象卷

图说冰雹 》》》

中华青少年科学文化博览丛书·气象卷

# 图说冰雹

TUSHUO
BINGBAO

吉林出版集团有限责任公司 | 全国百佳图书出版单位

# 前言

冰雹也叫“雹”，俗称雹子，有的地区叫“冷子”，在夏季或春夏之交最为常见。

冰雹是一种固态降水物，它是一些小如绿豆、黄豆，大似栗子、鸡蛋的冰粒，由透明层和不透明层相间组成。雹的直径越大，破坏力就越大。

冰雹常砸坏庄稼，威胁人畜安全，是一种严重的自然灾害，很多雹灾严重的国家已进行了人工防雹试验。

冰雹来自对流特别旺盛的对流云中。云中的上升气流要比一般雷雨云强，小冰雹是在对流云内由雹胚上下数次和过冷水滴碰并而增长起来的，当云中的上升气流支托不住时就下降到地面。

大冰雹是在具有一支很强的斜升气流、液态水的含量很充沛的雷暴云中产生的。

冰雹主要发生在中纬度大陆地区，通常山区多于平原，内陆多于沿海。中国的降雹多发生在春、夏、秋3季，比较严重的雹灾区有甘肃南部、陇东地区、阴山山脉、太行山区和川滇两省的西部地区。

冰雹灾害是由强对流天气系统引起的一种剧烈的气象灾害，它出现的范围虽然较小，时间也比较短促，但来势猛、强度大，并常常伴随着狂风、强降水、急剧降温等阵发性灾害性天气过程。

中国是冰雹灾害频繁发生的国家，冰雹每年都给农业、建筑、通讯、电力、交通以及人民生命财产带来巨大损失。

我国除广东、湖南、湖北、福建、江西等省冰雹较少外，各地每年都会受到不同程度的雹灾。尤其是北方的山区及丘陵地区，地形复杂，天气多变，冰雹多，受害重，对农业危害很大。

猛烈的冰雹打毁庄稼，损坏房屋，人被砸伤、牲畜被砸死的情况也常常发生；特大的冰雹甚至能比柚子还大，会致人死亡、毁坏大片农田和树木、摧毁建筑物和车辆等，具有强大的杀伤力。

据有关资料统计，我国每年因冰雹所造成的经济损失达几亿元甚至几十亿元。因此，我们很有必要了解冰雹灾害时空动荡格局以及冰雹灾害所造成的损失情况，从而更好地防治冰雹灾害，减少经济损失。

书中对冰雹的形成、种类、危害和防御都做了科学的介绍，适合广大青少年及对气象感兴趣的读者阅读。

# 目录

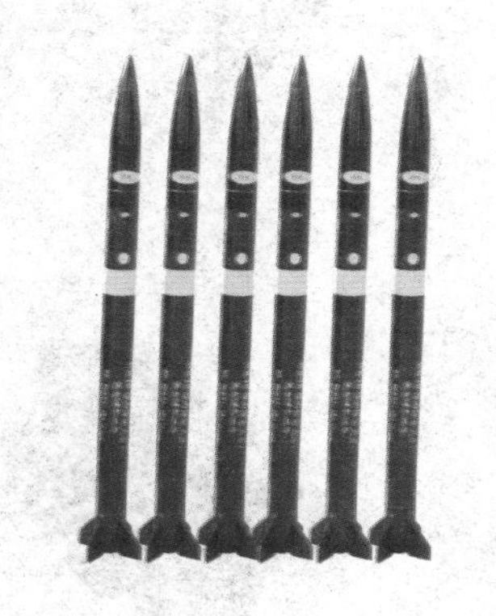

# 目 录



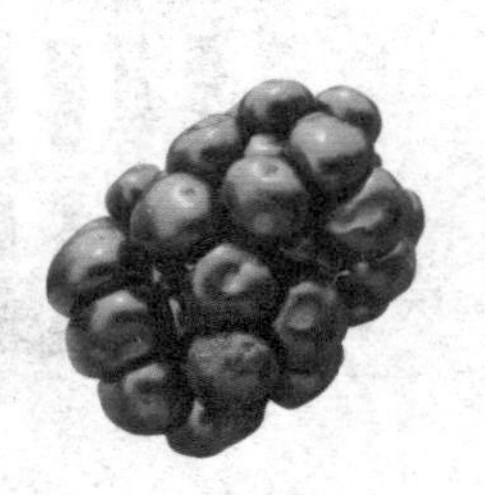



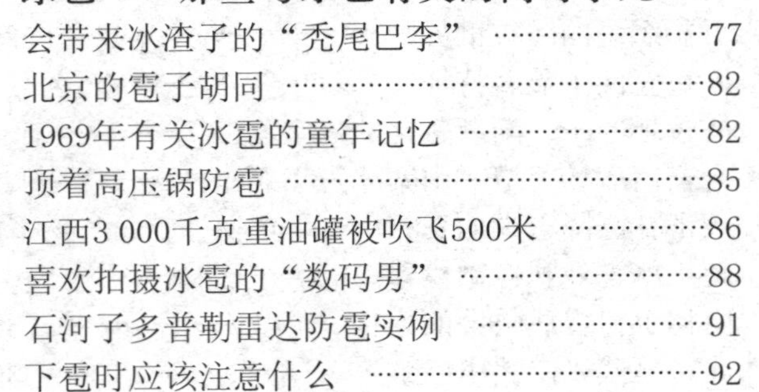

# 目录

# 目录

# 冰雹
## ——遇冷结成疙瘩的大水滴

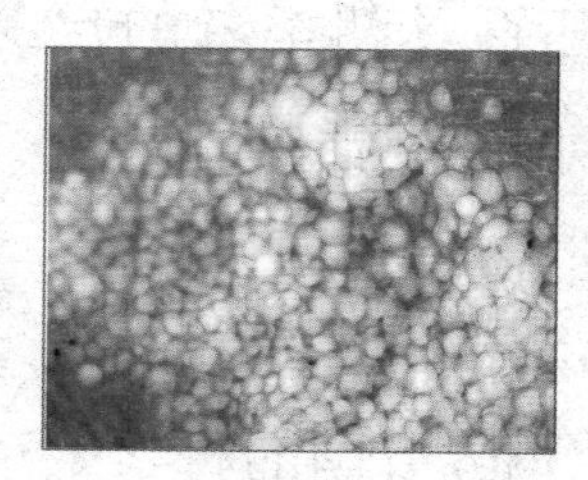

1. 古代人视冰雹为不祥之物
2. 震惊世界的“人骨湖”之谜
3. 世界公认的冰雹“冠军”
4. 遇冷结成疙瘩，一来就毁庄稼
5. 冰雹形成过程就像滚元宵
6. 史上最牛的冰雹砸伤航天飞机
7. 奥运会前进行过多次防雹演习
8. 冰雹导致上海七月飞雪

## 古代人视冰雹为不祥之物

古时的人常常把冰雹当作不吉利的东西。梦见自己被冰雹砸伤，则意味着灾祸临头；商人梦见冰

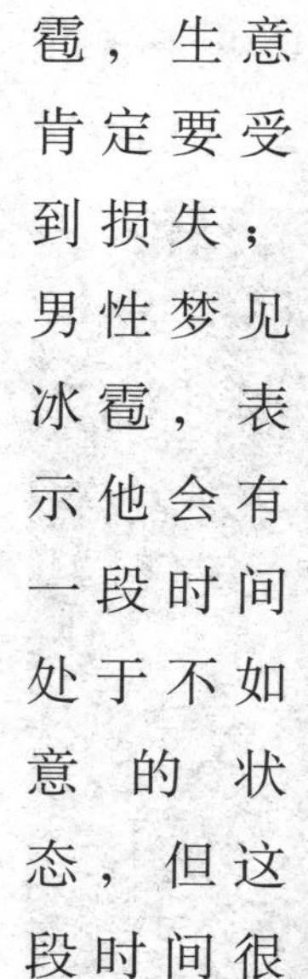
雹，生意肯定要受到损失；男性梦见冰雹，表示他会有一段时间处于不如意的状态，但这段时间很快就过去，幸运即将降临到他的头上；孕妇梦见自己被冰雹砸伤，意味着生下来的孩子将会多灾多难。

他们的依据很简单，冰雹是天空的水滴凝成冰块降浇到地面上

冰雹

来。冰本是冬天才应产生的东西，但冰雹却大多在夏天从天而降。因此，梦见冰雹意味着会遭受意外的打击。

## 震惊世界的“人骨湖”之谜

1942年，在印度喜马拉雅山区的路普康湖，又称“人骨湖”，发现了200多具人骨。这些人骨像谜一样困扰着世界上众多的历史学家、科学家和考古学家。这些人究竟是谁？怎么会死在这个渺无人迹的地方？

事情始于1942年，当时一队森林巡逻兵在海拔1.6万英尺高的路普康湖偶然地发现了一个大型墓穴，有200多具尸骨散布其中。这一发现随即吸引了全世界的目光，人们都为这一古老的惨剧震惊不已。喜马拉雅山路普康湖在黄黄的太阳光下闪闪发光，鲜花、鸟儿、昆虫开始庆祝黑暗乌云的离开，山里的鹿、羊挤在填满新鲜水的洞旁畅饮。秋天温暖的阳光让这里的冰雪融化，路普康湖旁的那些人类尸骨清晰可见。这些被深埋在冰雪中的几百具朝圣者的尸骨，每年在这个时候才能见到一次耀眼的阳光。

在过去的60多年里，“人骨湖”之谜一直让世界各国的科学家们头痛不已，但是没有一个说法足够合理，使人信服。

由德国海德尔堡大学的文化人类学者威廉·萨克斯带领的各国科学家们经过长途跋涉，来到这个高山湖泊，经过不懈地努力，终于找到了一个最具有说服力的解释，能够解开萦绕人们心中长达60多年的谜团。

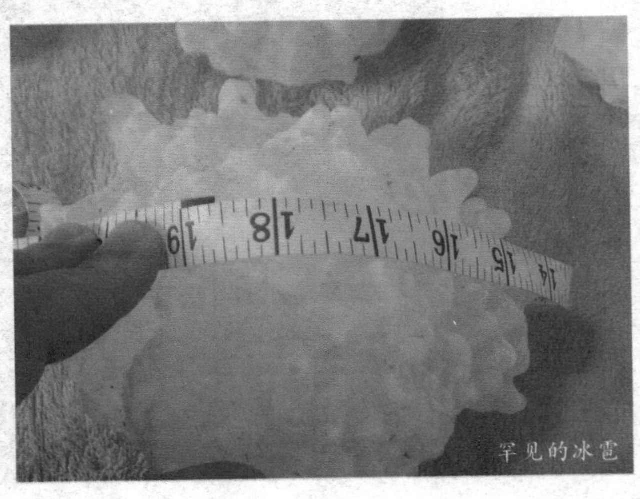

罕见的冰雹

在国外冰雹伤人事件时有发生

通过对尸体进行深入研究，科学家们发现，导致这些人死亡的原因竟是历史上最致命的一次大规模的冰雹的袭击。这些遇难者的头骨上都遭受过致命打击，而种种迹象表明，这种致命打击极有可能来自一场大规模的冰雹袭击。

乔格里卡博士称："我们对自己的发现感到很吃惊。这些尸体在冰层下面保存得完整无缺，我们可以看到这些人的头发和指甲，甚至还能看到他们衣服的残片。"

在这场灾难中，很多人因头骨破裂而死亡。自然人类学者苏巴斯·沃里姆贝博士说："我们发现很多人的头骨上面都有很深的裂缝，但这并不是由于山崩或雪崩造成的，而是由一种如板球大小的圆形钝器打击所导致的。因为这些遇难者都是头骨受伤，而不是身体其他部位的骨骼受伤，所以我们可以肯定，一定是从上面落下来什么东西，导致他们死亡，我们认为这是一场大规模冰雹的袭击。"无独有偶，科学家们还发现在喜马拉雅地区妇女之间传唱的一首古老的歌曲也描绘了类似的场景。这首歌曲说的是一位被激怒的女神向惹恼自己的人类降下了"如铁一般坚硬"的冰雹的故事。因此，科学家们断定一场大规模的冰雹极有可能就是这次惨案的元凶。

## 世界公认的冰雹"冠军"

目前世界上公认的雹块"冠军"直径为110毫米至120毫米，比

冰雹来袭

在屋子里，跑出去被冰雹砸两下，那后果不得了。

冰雹在福建省多发闽西北，因为山区石头结构的地面比热容大，白天升温比较快，容易形成强对流天气，闽西北的纬度，也刚好适合冷暖空气交汇，冷暖空气相遇打架，冰雹就赶集一样出现了。

成年人的一个拳头稍大一点，重776克，是1970年9月3日在美国堪萨斯州发现的。冰雹不会长得像铅球，因为大气运作有个过程。

原来，冰雹在降落到达地面之前，在空中是靠上升气流托住的，冰雹越大，需要的上升气流越强。如直径为160毫米至180毫米的雹块，要求上升气流的速度至少为每秒50～60米，这几乎相当于12级强风的二倍。

我们一般经历过的冰雹，都像黄豆那么大，已经很厉害了，砸在身上生疼，冰雹过后，能在地上捡到很多小鸟的尸体。所以每次有大风强雷电天气，家长都把孩子圈

## 遇冷结成疙瘩，一来就毁庄稼

“遇冷结成疙瘩，乌云深处为家，出门敲锣打鼓，一来就毁庄稼”。

巨型冰雹

夏季，天空有时乌云翻滚，电闪雷鸣，随后，一阵大大小小的冰块像下雨一样砸到地面，有些像米粒、有些像乒乓球、有些甚至像鸡蛋般大小，这些小冰块一扫而过，顿时给人民生命财产和农业生产造成了严重损失。

为什么在闷热的日子里，天上会突然降下冰块呢?这就是刚才那首诗中说到的天气现象——冰雹。在短短的时间内，冰雹是怎样形成的呢?

在烈日炎炎的天气，早上8时许，随着太阳公公的升高，紫外线和光照也就越来越强，马路上的沥青、房顶、墙壁的顶端、树木、草坪、汽车、田野、瓦片等地方都吸足了许许多多的热量，然而加热它们上方的大气层，给天气情况带来了非常危险的变化。

那些被加热的热空气流我们称之为暖湿气流，暖湿气流持续上升，当到达了冷气层底部时，暖湿气流就会沿着冷气层的顶部持续攀

冰雹过后的街道

积云

升，这种冷气层我们也称之为冷空气，因为冷空气要比暖湿气流沉重得多。

冷空气下沉到地面，这个时候，空气的对流运动非常剧烈，这就真正的表示：大气层将变得非常的不稳定，冷热气流将会一直不停地交换；这时，暖湿气流带上去的小水滴早就已经形成了积云，这个过程大约需要1～2小时30分钟左右，接着，空气的对流运动已经是在越来越猛烈的地位上了，随着空气对流运动的逐渐加快和猛烈程度非常大，所以，积云也就自然越积越多，越积越厚，从通体雪白达到了灰白色夹灰色时，就变成了浓积云，这一过程大约需要15～20分钟。

最后，空气对流运动已经猛烈到极限的程度了，浓积云忽然迅速的向上拱起，形成了一座高大的云山，云山也直冲天空，而且浓积云的最底部开始逐渐发黑，但是浓积云的最顶部还是灰白色的，天空中的云层也是越来越厚，浓积云的中间开始变得灰暗，这时就变成了极为特殊的对流云：冰雹云，这一过程大约需要20～40分钟。

更可怕的是，冰雹云中的水汽十分充分，水汽又多又重，再加上云中的空气对流运动，结果使冰雹云中的水滴上升到云体中，遇冷结成雹核，往返不定，一会儿往上，一会儿下降，在下降的同时，上升的小水滴继续在雹核的表面附着，冻结成另一层冰，然后就接着做往返的运动。

这种运动导致冰雹云的整个云体开始小幅度翻滚，而且这种翻滚越来越猛烈，再加上冰雹云中的水汽十分充足，太阳光的反射，导致整个云体开始发黄、发红，形成了黑色、白色和红黄色乱如绞丝的云团，冰雹云再加上空气对流运动的影响，移动速度也非常快，这一过程大约需要20～40分钟。

忽然，一道云与云之间的闪电划破了长空，一声闷响，这种声音像推拉车在地上发出的声音，连绵不断，沉闷，这种雷声我们称之为闷雷，当冰雹云中的上升气流和云层再也无法衬托冰雹的重量时，冰

常见的冰雹

雹就降落到了地面，形成我们所看见的冰雹。

## 冰雹形成过程就像滚元宵

冰雹是一种坚硬不易碎、内核不透明的冰粒。

在几千米到十几千米这么高、这么厚的云中，它的中、下部温度就可以降到零度以下，云的上部和顶部温度就可以达到−30～40℃。在0℃线以下的云底部分是水滴，它的上面是过冷水滴、雪花和冰晶混合层。

云下部强烈的上升气流把云底部的水滴送到了冰雹云的中上部，冻成小冰粒，遇到过冷却水滴后，就在这个小冰粒上冻结成一层冰，当云中的下沉气流把它带下来，或者它自己落下来，再降落到0℃线以下时，又会有一些水滴沾到冰粒上。这个小冰粒就这样一次又一次在云中翻腾着，由于相互碰撞，它的外面裹上一层又一层的冰衣，好像“滚元宵”似的越滚越大，直到上升气流再也托不住它的时候，一落千丈的掉下来。

冰晶

从冰雹的生成过程就可以知道冰雹粒有大有小；而且，冰雹还是一层透明和不透明、层层相间的冰球呢。

雹和雨、雪一样都是从云里掉下来的。不过下冰雹的云是一种发展十分强盛的积雨云，而且只有发展特别旺盛的积雨云才可能降冰雹。积雨云和各种云一样都是由地面附近空气上升凝结形成的。

我们知道在一定温度下，空气中容纳水汽有一个限度，达到这个限度就称为“饱和”，温度降低后，空气中可能容纳的水汽量就要降低。因此，原来没有饱和的空气在上升运动中由于绝热冷却可能达到饱和，空气达到饱和之后过剩的水汽便附着在飘浮于空中的凝结核上，形成水滴。当温度低于摄氏零度时，过剩的水汽便会凝华成细小的冰晶。这些水滴和冰晶聚集在一起，飘浮于空中便成了云。

人们把它们统称为积状云。它们都是一块块孤立向上发展的云块，因为在对流运动中有上升运动和下沉运动，往往在上升气流区形成了云块，而在下沉气流区就成了云的间隙，有时可见蓝天。

积状云因对流强弱不同出一辙形成各种不同云状，它们的云体大小悬殊很大。如果云内对流运动很弱，上升气流达不到凝结高度，就不会形成云，只有干对流。如果对流较强，可以发展形成浓积云，浓积云的顶部像椰菜，由许多轮廓清晰的凸起云泡构成，云厚可以达4～5千米。

如果对流运动很猛烈，就可以形成积雨云，云底黑沉沉，云顶发展很高，可达10千米左右，云顶边缘变得模糊起来，云顶还常扩展开来，形成砧状。一般积雨云可能产生雷阵雨，而只有发展特别强盛的积雨云，云体十分高大，云中有强烈的上升气体，云内有充沛的水分，才会产生冰雹，这种云通常也称为冰雹云。

积状云

冰雹云

在冰雹云中气流是很强盛的，通常在云的前进方向，有一股十分强大的上升气流从云底进入又从云的上部流出。还有一股下沉气流从云后方中层流入，从云底流出。这里也就是通常出现冰雹的降水区。

这两股有组织上升与下沉气流与环境气流连通，所以一般强雹云中气流结构比较持续。强烈的上升气流不仅给雹云输送了充分的水汽，并且支撑冰雹粒子停留在云中，使它长到相当大才降落下来。

## 史上最牛的冰雹砸伤航天飞机

2007年2月27日说，原计划3月中旬进行的“阿特兰蒂斯”号航天飞机发射计划被迫推迟，原因是佛罗里达州肯尼迪航天中心26日遭遇雷暴天气，鸡蛋大小的冰雹砸在航天飞机外部燃料箱上，留下数以百计的小坑。

“阿特兰蒂斯”号的这次发射计划原本安排在3月15日。航天飞机2月15日送上肯尼迪航天中心

最牛的冰雹

被袭的航天飞机

发射台，26日傍晚突然遭遇冰雹袭击。当时风速达到100多千米，冰雹中最大的直径约5厘米。奇怪的是，猛烈的冰雹只袭击了肯尼迪航天中心所在区域，周围地区并未殃及。

从天而降的冰雹造成“阿特兰蒂斯”号约47米高的外部燃料箱外表面出现大量小坑，损坏了燃料箱托架的一些泡沫防护材料，这里也是以前航天飞机多次发生泡沫材料脱落造成安全风险的“脆弱”部位。此外，航天飞机机翼的保护瓦也有几处凹痕。

这次发射项目组成员韦恩·黑尔说：“根据我们的评估，这是外部燃料箱泡沫遭受冰雹损坏最严重的一次。”

宇航局技术人员最早可能在3月3日先把“阿特兰蒂斯”号移到一处巨大的机库，检查航天飞机遭受损伤的程度，以决定是在肯尼迪航天中心就地维修还是将它送回到位于新奥尔良的生产地。

根据原计划，“阿特兰蒂斯”号这次太空之行要经历11天，把重约1.59万千克的一个组件带到将于2010年完全建成的国际空间站，宇航员还要为空间站更换一对太阳能电池板，完成至少3次太空漫步。路透社说，如果需要更换外部燃料箱，这次发射将会推迟到6月。

冰雹砸伤航天飞机部件并非第一次发生。

1990年，“阿特兰蒂斯”号也曾遭冰雹袭击，轻微受损。

1999年，美国“发现”号航天飞机遭遇暴风雨天气，外部燃料箱上被砸出650个小坑，宇航局被迫推迟发射计划，把航天飞机运走维修。

2011年，美国东部时间7月21日清晨，“阿特兰蒂斯”号航天飞机在肯尼迪航天中心安全着陆，结束13天太空之旅。这次着陆为美国为期30年的航天飞机项目正式画上了句号。

## 奥运会前进行过多次防雹演习

飞机、高炮、火箭都能配合进行防雹和消云减雨实验演练。2008年以前，北京进行了多次奥运开闭幕式消云减雨和人工防雹的实战演练，为奥运会服务。

市气象局负责同志表示，根据北京2007年8月份降雨的统计数据显示，在这31天里平均有12天降雨，其中8天是小雨，而消云减雨演练的目的主要是在奥运会开闭幕式时，如果出现小雨天气，提前实施作业，将降雨的影响减到最低。而北京在沿90至120千米、45至60千米、15至20千米的范围内，设置3道防线，利用飞机、火箭等先进设备，尽量拦截降雨，并与河北、天津等周边地区进行

防雹演习

联动联防。

据介绍，除消云减雨外，人工防雹也是主要内容。北京冰雹主要路径是从西部和西北部进京，在西北部的延庆、海淀等地布设了高炮点和火箭点各10多处，而房山增加3个火箭和3个高炮作业点，从而改变以往北京西路冰雹不设防的状况。演练的主要内容是，若奥运场馆地区出现冰雹天气，人工影响天气部门提前实施作业，减少冰雹对奥运会的影响。

另据了解，2007年北京就已经进行了6次人工防雹和消云减雨实验，2008年利用飞机、高炮、火箭进行奥运演练和实验，以应对突发天气对奥运会造成的影响。

## 冰雹导致上海七月飞雪

2009年6月5日下午雷雨大风齐聚申城，上海中心城区局部还出现了罕见的冰雹天气。

上海七月飞雪

上海七月飞雪

连上海中心气象台的工作人员都惊呼："硬币大小的冰雹出现在上海城区实属罕见。"上海的天气迅速"变脸"，空中黑云密布、电闪雷鸣，大雨倾泻。在西郊等地出现冰雹后，中心城区徐家汇在2009年6月5日15时32分至15时38分也出现了直径25毫米的冰雹，上一次这一地区出现冰雹还早在1996年。宝山等地出现了每秒15.2米的雷雨大风，部分地区小时雨量超出了30毫米。

上海中心气象台发出的雷电、大风、暴雨警报长时间地"高悬"。到了傍晚，气象台依然发出预警：强对流雷暴云带还在向上海移动，预计未来6小时内上海自西北向东南的部分地区仍将有雷雨天气，并伴有7至9级雷雨大风和强雷电，局部地区有冰雹和暴雨，小时雨量可达35毫米，请市民注意防范，尽量避免外出。

据上海市气象局气候中心的专家介绍，近年来上海地区强对流天气频发，防御强对流灾害已成为上海城市防灾体系的重要内容。据对2009年汛期的最新预测，尽管上海地区降水总量可能偏少，但不能排除发生强对流天气事件带来的影响。强对流天气，虽未造成大的灾害，但已让上海市民感到“有点可怕”。

据专家说，在空间分布上，上海黄浦江–崇明岛中部一带为强对流天气的高发区，发生频次最为显著，嘉定、青浦的局部地区强对流活动也较为明显。汛期暴雨频数虽处于历史上的偏少阶段，但暴雨降水量的空间分布越来越不均匀，更趋于向市区及东郊集中。西部郊区虽暴雨强度和频数小于市区及东郊，但因地势低洼，承灾能力较弱，风险也不容忽视。

据对近年来的气象资料进行的分析，在强对流天气中，上海雷暴降水强度和雷击强度也有所增强，而且雷暴的空间分布更趋不均匀，存在向城区集中的趋势。主要表现为：连阴雨程度明显减弱；降水次数减少，但强度加大；区域梅雨空间分布也越来越不均匀。

海市气象局局长汤绪表示，

罕见的冰雹天气

上海正在加快建设多灾种早期预警联动体系，建立包括强对流天气在内的预警中心，在确保对气象灾害“早发现、早预警”的基础上，形成标准化的多部门联动防范机制。

据了解，已建立的上海强对流天气预警中心，将随时监视长三角地区的强对流天气，实现早发现；制作包括强对流天气潜势展望、警戒、警报及定量降水等预报预警产品；建立向重要用户和公众的早通气、早预警机制；开展长三角地区的强对流天气联防，并形成多部门联动。

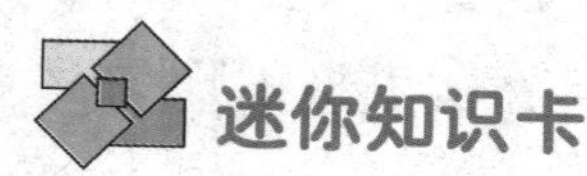

## 迷你知识卡

### 浓积云

浓厚的积云，顶部成重叠的圆弧形凸起，很像花椰菜；垂直发展旺盛时，个体臃肿、高耸，在阳光下边缘白而明亮。有时可产生阵性降水。

### 云砧

就是强烈发展的雷暴云的顶部，呈砧状结构。是由于雷暴云中强烈上升气流到达对流层顶后，受到对流层顶（平流层下）强烈的水平气流作用而不能继续上升，从而向四周快速扩散，形成云砧。云砧看上去是白色透光的。

### 积雨云

云浓而厚，云体庞大如高耸的山岳，顶部开始冻结，轮廓模糊，有纤维结构，底部十分阴暗，常有雨幡及碎雨云。

浓积云

# 冰雹
## ——世界上的冰雹并非全由冰组成

### 五彩缤纷的冰雹世界

形形色色的冰雹大千世界，五彩缤纷，无奇不有，它犹如魔术大师一般，让世界上的冰雹并非全由冰组成的。

人雹：前苏联空降兵在西伯利亚地区跳伞时，最后一名伞兵离开飞机后，被一股急流带到浓积云中，随着气流上下翻滚，浑身积冰越来越厚，最后还是“叶落归根”掉回地面，成为世界上罕见的人间悲剧。

1894年5月11日下午，美国维克斯堡出现一场严重的冰雹，冰雹由一种雪花石膏块组成。这是龙卷风将湖中的鲤鱼卷入冰雹云中，在云内上下对流犹如“滚雪球”似的，表面冰层加厚形成。当日，距维克斯堡不远的博文纳也降了冰雹，有一个直径达20厘米的大冰雹，目击者拾

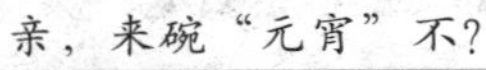
亲，来碗“元宵”不？

被冰雹洗礼过的街道

来一看，里面竟有一只乌龟，称为“龟雹”。

1896年，德国一个叫埃森的地方降雹，其中一个冰雹内有一条大鲤鱼，称为“鱼雹”。据分析是极强的旋风将鱼卷入雹云，在云内上下对流往返时表面冰层加厚形成。

彩色的冰雹：秘鲁的安第斯山，下过一场红色和浅蓝色的冰雹。原因是下冰雹前，空气中悬浮着许多彩色的尘土，云层大小水滴附着其上，形成了“彩色冰雹”。

## 冰雹有四个显著特征

冰雹是给国民经济、人身安全带来严重危害的气象灾害，夏季或春夏之交最为常见。它具有以下几个特点：

温带地区冰雹经常光顾

多发性和广泛性：据气象资料统计显示，我国冰雹灾害平均每年有1 000多县次，最多的年份达2 150多县次，最少也有600多县次，全国个省（区、市）都有降雹记录。在同一地区，有的年份连续发生多次，有的年份发生次数很少，甚至不发生。

季节性强：冰雹一般多发生于每年的4—10月，春夏之交最为频繁，主要是由于冷暖空气活动频繁所致。

地域性强：冰雹发生上午几率一般是山区多于平原、内陆多于沿海、高纬度地区多于低纬度地区。我国的主要雹区在云、贵、甘、宁、陕、豫、晋、蒙、苏北等地，青藏高原地区是我国降雹天数最多的地区，其中有两个多雹中心：唐古拉山周围、地区和西藏的黑河；天山和祁连山也是多雹地区。从亚热带到温带的广大气候区内均可发生，但以温带地区发生次数居多。

突发性和短时性：冰雹的发展速度和移动速度都较快。经常在冰雹来临前几小时，还没有任何迹象。一次狂风暴雨或降雹时间一般

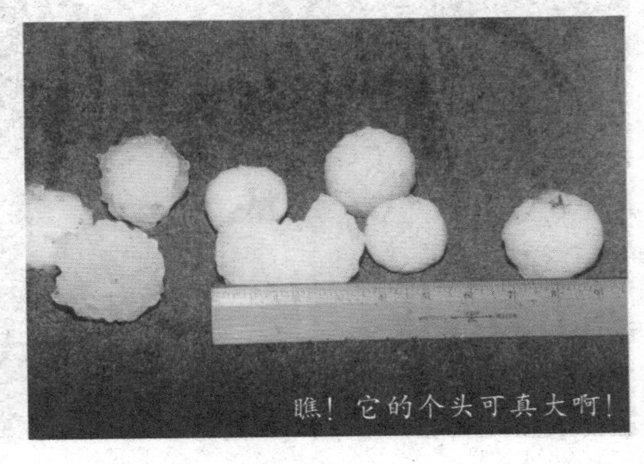
瞧！它的个头可真大啊！

只有2～10分钟，少数在30分钟以上。

根据一次降雹过程中，多数冰雹（一般冰雹）直径、降雹累计时间和积雹厚度，将冰雹分为3级。

轻雹：多数冰雹直径不超过0.5厘米,累计降雹时间不超过10分钟,地面积雹厚度不超过2厘米。

中雹：多数冰雹直径0.5～2.0厘米,累计降雹时间10～30分钟，地面积雹厚度2～5厘米。

重雹：多数冰雹直径2.0厘米以上，累计降雹时间30分钟以上，地面积雹厚度5厘米以上。

## 冰雹趣闻——渐渐融化的“宝物”

1987年3月15日，广东佛山某废品收购站来了一个村夫，一副捡到宝的喜悦摸样，往磅秤放一物件要求交易。只见那“宝物”大小如茶煲、形状似卵石、晶莹透光若水晶，不知是什么东西。

收购站职工眼带惊奇，脸露难色，向顾客解释无法收购，而顾客则坚持非卖不可。言语争持之间，“宝物”慢慢地越缩越小，直至完全消失，磅秤上只留下一摊无色无味的液体，买卖自然终止。

此事一时在乡间邻里传为笑话。查证后，原是当天中午佛山郊区下了一场冰雹，直径普遍约3厘米，据此天气背

大颗冰粒铺满路

景和“宝物”的特征及融化现象，因此推断那“宝物”应是罕见的大冰雹。

## 天安门广场突遭“山寨冰雹”袭击

2005年4月8日10时至11时间，两次“疑似冰雹”袭击了天安门广场，事后专家解释，“疑似冰雹”实为“冰粒”。

11时许，“冰雹”已变成了细雨。一位天安门广场清洁工证实，“冰雹”下了两次。第一阵是在10时左右，持续约10分钟。“绿豆粒儿大小，嗖嗖地往下掉。”清洁工说，冰雹落在头发上，“用手一摸就成水了。”第二阵约在10时45分开始，持续了十几分钟，“比第一次冲，砸到车上都有响。”

面对突然降临的“冰雹”，游客大部分跑到地下通道里躲避，一部分人则撑起雨伞。一群天津铁七小学的孩子看见突下“冰雹”非常开心，他们高喊着“下雹子了”，纷纷伸手去接。冰雹前后持续了近半个小时。

居住在亚运村的黄先生也发现降了米粒大小的“冰粒”。同样的现象在国贸、双井以及石景山区也出现了。这些“冰粒”持续的时间

冰雹的世界

都不长，大约在10分钟左右。

市气象台新闻发言人给出了权威的解释，这是一种叫“冰粒”的天气现象，和冰雹不同，较为少见。固体的降水一共有5种形式，即雪、米雪、冰雹、冰粒和霰。

冰粒是空气中的冷却水在下落的过程中，遇到了近地面的低气温，迅速凝结成小冰晶落到地面，通常有米粒大小。出现这种天气现象是因为1 500米上空的温度已经低于0℃，为冰粒的凝结创造了条件。

## 茂密林区降雹少的真相

人们在生活中已逐渐认识到，森林覆盖率大的地区雹灾较少。那么，为什么林区的降雹次数要比无林地区少呢？

众所周知，冰雹常见于暖季，它是在旺盛的积雨云中孕育形成的。形成积雨云的原因很多，其中最重要的一种原因是夏季有强烈的空气对流作用。

林区下垫面的构造特性不同于无林地区。林区的下垫面是茂密的森林，庞大的森林生态系统有效

茂密的林区

积雨云

地调节着林区气温的日变化和年变化。

在炎热的夏季，森林可以帮助降低气温。森林犹如一把庞大的“遮阳伞”，在树冠层的遮蔽下，林地得到的太阳直接辐射很少，地面增温也很小。同时，林地含水量多，比较潮湿，土壤的比热容大，地面的增温也比旷野要小。

夏季又是林木蒸腾作用最旺盛的季节，森林本身的蒸腾作用也消耗了大量的热量。受林地热状况和树木消耗热量的影响，林区夏季气温总比毗邻旷野要低。

气象观测表明，夏季林区日平均气温比旷野低2～3℃。林区空气热力上升作用弱，不易形成强烈的局地对流天气过程，也就不易形成旺盛的积雨云。所以，林区冰雹比无林地区少。

## 超级冰雹外观像橄榄球

2012年3月27日，夏威夷欧胡岛今日出现了一场罕见的雷暴现象，其带来的冰雹降直径轻松打破1英寸高的历史记录。在这场暴雷中降落的冰雹足有葡萄柚大小，据美国国家海洋和大气管理局检查确认，该冰雹的“个头”轻松破记录，是夏威夷至今为止出现的最大冰雹。

据对这场冰雹的最终测量显示，这场冰雹是在3月9日时降落的，其降落面积约为1.3米长，0.69米高，0.61米宽。在归属于美国国家大气和海洋管理局的檀香山气象局在一次声明中，其发言人对协调气象者发出警示道，自1950年至今对夏威夷冰雹记录来看，先前最大冰雹的直径记录为2.54厘米，而这次所降落的冰雹已打破该记录。

据了解，该打破纪录的冰雹是由一场所谓的超晶胞雷暴所引起的，由于这场雷暴出现在欧胡岛的迎风面，这也就出现了巨大冰雹气象。

据美国国家海洋和大气管理局调查表示，这场雷暴也许是所有雷暴类型中最猛烈的一种，超晶胞雷

摄人心魄的雷暴

暴甚至会导致在巨大的冰雹现象中，出现破坏性的暴风，甚至极有可能会出现龙卷风现象。

美丽的夏威夷

虽然这种气候现象对于夏威夷来说很罕见，但是对于美国中部的地区来说，这种气象在春季会很常见。美国国家海洋和气候管理局在过去也曾有过几次大冰雹现象的记录，在这些记录中，冰雹的直径可达2到3英寸长，但这次出现的冰雹要比这些都大很多。

来自夏威夷的一位居民亲眼鉴证了这场惊人的雷暴，据他描述，这场雷暴带来的冰雹，直径肯定要大于7.62厘米。而檀香山气象局经视察后表示，这场雷暴带来的冰雹确实十分大，是他们在夏威夷冰雹历史记录中“个头”最大的。

事实上，降落在夏威夷的最大冰雹记录一直是直径为1英寸的那场，在此之后很长时间，夏威夷都没有再出现过“个头”大的规模，而便士大小的冰雹或者四分之一便士大小的冰雹，也仅仅出现过八次。

而这次冰雹从外观看起来更像是棒球或橄榄球，这是十分罕见的。据悉，一场超晶胞雷暴的形成条件是十分严格的，其要求要有大部分空气上升，从而逐渐形成较冷和较干燥的空气，同时，风向还要出现变化，在降落地面时风速要不断加速。这样综合起来，才会出现暴雷现象。

## 阻挡玉树震后救援的冰雹

青海省玉树县2010年4月14日晨发生两次地震，最高震级7.1

灾难过后的冰雹

级，地震震中位于县城附近。

2010年4月20日中午，青海玉树地震中心结古镇下起绿豆大的冰雹，冰雹在持续近30分钟后转为降雨。这场冰雹和降雨使一些土质道路变得泥泞，对车辆运输造成一定影响，导致现场所有救援工作已经暂停。截止4月25日下午17时，玉树地震造成2 220人遇难，失踪70人。

2012年5月2日下午6时许，一场短时阵雨过后，南宁的天空上演连台好戏，冰雹、彩虹、火烧云相继出现，让不少摄影爱好者为之疯狂。据网友报料称，在南宁吴圩镇和明阳工业园区附近，当时先是烈日，然后刮大风、打雷、闪电接着下暴雨下冰雹，再出太阳，再冰雹，最后彩虹出现。下午7时许，在民主路、友爱路等路段附近，市民则可以看到天空一时变得通红，犹如被火烧了一般。

南宁市气象台首席预报员说，2日下午6时21分，南宁市气象台发布了冰雹橙色预警信号。尽管南宁自动站的监测点未能监测到冰雹出现，但网友们在微博上发布的冰雹现象，正是因为当地出现了强对流天气造成的。而市区内天空如火烧了一般，就是老百姓常说的“火烧云”现象，与雨后的彩虹一样，都是一种光学现象。

冰雹个头赛苹果

“前两天，大家都感觉到身上黏乎乎的，就说明空气中水汽相当充足，而经过太阳光折射后，出现了光学现象。”气象员说道，这种光学现象常出现在夏季，特别是在雷雨之后的日落前后。出现这样的火烧云，预示着未来几天有雷雨天气出现，市民要做好防范准备。

据了解，自2012年4月28日以来，桂西和桂东南大部地区出现了高温天气并持续增强，特别是5月1日，全区有46县市最高气温超过35℃，其中23个县市超过37℃，最高出现在田林县，高达42.2℃，田林、凌云、德保、天等、靖西等县破了建站以来的历史最高纪录。

与桂西、桂南的高温不同的是，桂东北局部出现强降雨和强对流天气，4月28日以来，桂北、桂东出现了阵雨或雷雨天气，其中桂东北的一些乡镇出现了暴雨或大暴雨天气；29日凌晨融水、天峨县的个别乡镇还出现了冰雹、短时雷雨大风。

## 冰雹砸残“南美小巴黎”

正当北半球经受着酷暑考验的时候，南半球的居民则正准备迎接寒冷的冬季。但由于近年的反常气候，本应寒风凛冽的阿根廷却出现了少有的暖冬天气。2006年，一场突如其来的冰雹则把该国首都有“南美小巴黎”之称的布宜诺斯艾利斯砸得够呛。

阿根廷时间下午3时许，笼罩着布宜诺斯艾利斯、几日来从未放晴的天空滴下了绵绵细雨。几分钟后，天空慢慢变成黑色。紧接着暴雨倾盆，随后高尔夫球一般大小、夹杂着最大直径为7厘米、同苹果个头不相上下的冰雹砸落下来。

街上汽车的警报器声响成一片。整个冰雹持续约半个小时，布

雹云

构成降雹的强对流云

市大街小巷的路面上覆盖着一层厚厚的冰碴。阿根廷国家气象台称，这是阿根廷近几十年来冬天里遭遇的最大一场冰雹天气。

据布宜诺斯艾利斯市政厅公布的统计，在整个布宜诺斯艾利斯市和周边邻近地区，共有14人被冰雹砸破头。43 000户居民家中因冰雹砸坏供电设施而断电。

数万辆汽车的玻璃被砸碎、车身被砸得到处是坑。数万家居民家中的玻璃也不同程度损坏。而暴雨则造成部分地铁线路运营和电话通讯中断，并使一些地势比较低的道路成为一片汪洋。市政府大楼也因暴雨而断电，玻璃楼顶被砸得千疮百孔。

当地电视台称，这场冰雹曾一度使布市陷入混乱状态。露天的街道曾一度成为极其危险的地方。所有的路上的行人都找地方躲了起来；所有的出租车都停止了运营；被迫在街上行驶的汽车四处乱窜寻找避雹的地方；有的司机则在惊恐之中突然停车，愣在那里不知所措。

汽车玻璃被砸坏

破了头，惶恐之中奋不顾身跳入了路边的池塘。但由于雨太猛，他无法浮出水面。幸好附近避雨的路人及时发现这一情况，并电话通知了救援中心才把这位仍处于惊恐状态的先生捞了上来。

许多公司职员在办公室里看到情况不妙，便飞快地冲出室外，把自己的车迅速停到车库里或树下、屋檐下。出租车司机则疯狂地竞赛一般抢占可以避雹的有利车位。

灾害发生时，最繁忙的要数电话公司的线路和紧急救援中心了！很多上班的人看到雹子来了，立刻打电话给待在家中或外出的家人询问状况或提醒他们注意安全。同时，许多人家里被屋外暴雨倾盆、屋内突然停电或玻璃被砸碎吓得惊慌失措，纷纷致电警局和救援部门

混乱的交通秩序引发了数十起车祸。满街跑着紧急救援车辆。整个布市的交通状况直到深夜才恢复正常。

由于在阿根廷一般都是下绵绵细雨而罕见暴雨，因此大部分当地人向来在雨天很少打伞。有的人出门不习惯带雨具，而有的人则喜欢拎着雨具在雨中行走。尽管阿气象部门事先发出过暴雨和冰雹警报，但这场暴雨加冰雹还是让这些人措手不及，甚至狼狈不堪。

当地媒体报道，一位在冰雹突降时走在街上的醉汉，由于没见过如此“阵势”，为了不让雹子砸

寻求帮助。于是乎，布市的电话一度因超过负荷而无法接通。

在因冰雹进入慌乱的布宜诺斯艾利斯城恢复平静之后，修车行乐了，保险公司喜忧参半，而许多车主则哭笑不得。

在冰雹过后的一早，布市各大修车行门前各色车辆排成长龙。这些车的共同特点就是几乎都没有了玻璃。为了御寒有的车主则用毛毯挡住没了玻璃的车窗。惨状难以言表！而修车行的老板则个个喜上眉梢！

在阿根廷更换汽车发动机盖需要花上至少300比索，折合美元约100美元，更换车窗玻璃为150比索，约50美元，挡风玻璃的价格要200比索，约70美元。这样算下来，修理一辆车窗和前后挡风玻璃都被砸坏的汽车，不包括人工费就需要花上800比索，约250美元。

奇怪的是最害怕自然灾害发生的保险公司却并没有因冰雹袭击受到冲击。在阿根廷，保险公司林立，而且有各自的保险范围。

同时，由于上全险价格昂贵，

冰雹铺满路

在冰雹中奔跑

费只有200比索的第三者保险。而阿根廷多数保险公司这个险种的投保范围并不包括冰雹这样的自然灾害造成的车辆损伤。所以弄得那些以为投了第三者险就高枕

每月需支付保险费在1 000比索，约300美元，因此许多人选择了月收

无忧的车主们哭笑不得，只能无奈地自己掏腰包儿修车了！

##  迷你知识卡

### 雹云

构成降雹的强对流云。雹云的云底较低，一般离地面只有几百米，而云顶却很高，可达到十几千米，云体相当深厚。云体的下部是由水滴组成的暖云，温度在0℃以上；云体上部是由冰晶、雪花和过冷水滴，温度在0℃以下未冻结的水滴组成的冷云；云体的中部是冰水共存的区域。

### 冰粒

透明的丸状或不规则的固态降水，较硬，着硬地一般反弹，直径常小于5毫米。有时内部还有未冻结的水，如被碰碎，则只剩下破碎的冰壳。冰粒和雹是比较大的能够流淌的水滴围绕着凝结核一层又一层地冻结而形成的半透明的冰珠。气象学上把粒径不超过5毫米的叫做冰粒，把粒径超过5毫米的叫做冰雹。

### 雷暴

是伴有雷击和闪电的局地对流性天气。它通常伴随着滂沱大雨或冰雹，而在冬季时甚至会随暴风雪而来，因此，属强对流天气系统。在古老的文明里，雷暴有着极大的影响力。不论是中国古代、古罗马或美洲古文明皆有与雷暴相关的神话。

# 冰雹
## ——“天有骆驼云，雹子要临门”

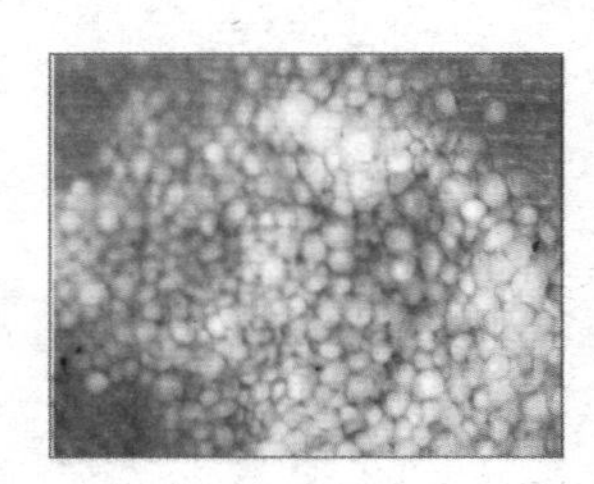



## 冰雹里为什么会有小虫子

1999年5月29日15时27分，大连市甘井子区南关岭地带降雹，在降雹中，有人目击冰雹中裹着小虫子。对此众说纷纭。少数有迷信思想的人说：这是天怒，先遭雹灾而后还会有虫害。

冰雹明明降自数千米高的云层，为什么会有小虫子夹在里边呢？

原来，冰雹通常发生在暖季、空气有强烈上下对流的天气里。就在温暖的春季或春夏之交，南方暖空气的势力逐渐北上，一些昆虫有时成千上万地随着气流由南而北

雹雨

“远走高飞”。

不同昆虫的飞行高度也各不相同，像粘虫的飞行高度一般不超过200米，而稻飞虱的高度上限可达2 200米左右。它们在北迁的途中，遇到能形成冰雹云的抬升气流时，会被卷入冰雹云中，充当了“义务”的冰雹核。

随着冰雹的不断增大，一层层冰壳就把小虫包裹起来，这样，人们看到裹着小虫子的冰雹，也就不足为奇。因为这些小虫子早被冻得一命呜呼，当然也就不可能兴起虫灾。所以，少数人说“先遭雹灾而后还会有虫害”是没有根据的。

## 露、霜和冰雹的密切关系

温暖季节的清晨，人们在路边的草，树叶及农作物上经常可以看到的露珠，露也不是从天空中降下来的。露的形成原因和过程与霜一样，只不过它形成时的温度0℃以上罢了。在0℃以上，空气因冷却而达到水汽饱和时的温度叫做“露点温度”。

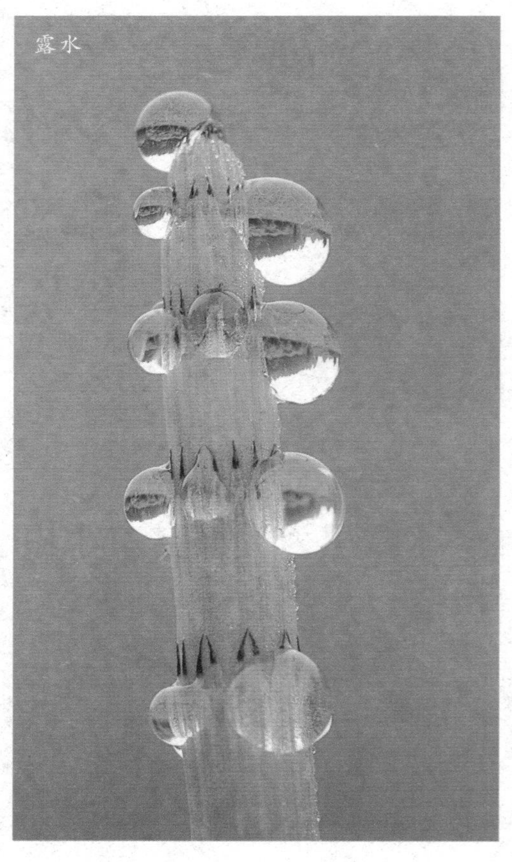
露水

在夏天的清晨，我们常可以在一些草叶上看到一颗颗亮晶晶的小水珠，这就是露。古时候，人们以为露水是从别的星球上掉下来的宝水，所以许多民间医生及炼丹家都注意收集露水，用它来医治百病及炼就“长生不老丹”。在晴朗无云，微风飘拂的夜晚，由于地面的花草、石头等物体散热比空气快，温度比空气低，当较热的空气碰到这些温度较低的物体时，便会发生饱和而凝结成小水珠留在这些物体上面，这就是我们看到的露水。

露水对农作物生长很有利，在炎热的夏天，白天，农作物的光合作用很强，会蒸发掉大量的水分，发生轻度的枯萎。到了夜间，由于露水的供应，又使农作物恢复了生机。此外，有利于田庄的作物对已积累的有机物进行转化和运输。

在温暖季节里，夜间地面物体强烈辐射冷却的时候，与物体表面相接触的空气温度下降，在它降到“露点”以后就有多余的水汽析出。因为这时温度在0℃以上，这些多余的水汽就凝结成水滴附着在地面物体上，是我们最常见的露水。

露和霜一样，也大都出现于天气晴朗、无风或微风的夜晚。同时，容易有露形成的物体，也往往是表面积相对地大的、表面粗糙

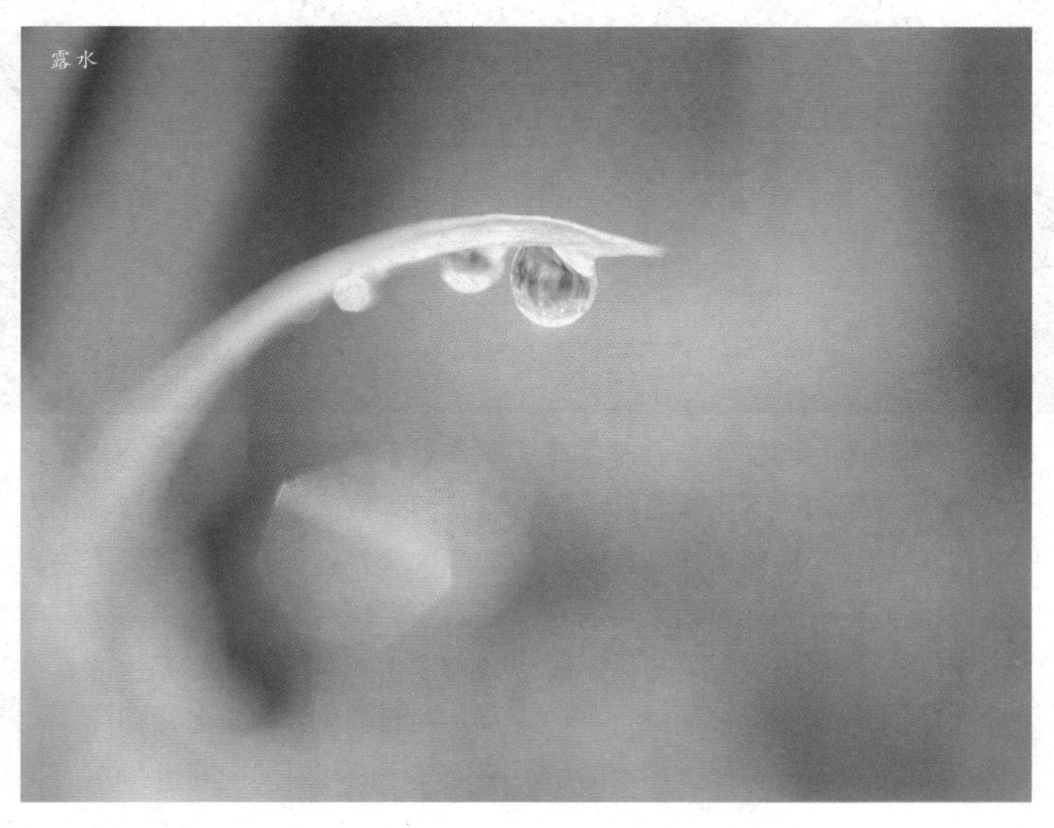
露水

雹雨

的、导热性不良的物体。有时，在上半夜形成了露，下半夜温度继续降低，使物体上的露珠冻结起来，这叫做冻露。有人把它归入霜的一类，但是它的形成过程是与霜不同的。霜是水汽在温度很低时，一种凝华现象，跟雪很类似。严寒的冬天清晨，户外植物上通常会结霜，这是因为夜间植物散热的慢、地表的温度又特别低、水汽散发不快，还聚集在植物表面时就结冻了，因此形成霜。科学上，霜是由冰晶组成，和露的出现过程是雷同的，都是空气中的相对湿度到达100%时，水分从空气中析出的现象，它们的差别只在于露点高于冰点，而霜点低于冰点，因此只有近地表的温度低于摄氏零度时，才会结霜。

在各种不同的云内，其云滴大小的分布是各不相同的，造成云滴大小不均的原因就是周围空气中水汽的转移以及云滴的蒸发。使云滴增长的因素是凝结过程和碰撞并和过程，在只有凝结作用的情况下，云滴的大小是均匀的，但由于水汽的补充，使某些云滴有所增长，再加上并和作用的结果，就使较大的云滴继续增长变大成为雨滴。雨滴受地心引力的作用而下降，当有上升气流时，就会有一个向上的力加在雨滴上，使其下降的速度变慢在寒冷季节的清晨，草叶上、土块上常常会覆盖着一层霜的结晶。它们在初升起的阳光照耀下闪闪发光，待太阳升高后就融化了。人们常常把这种现象叫“下霜”。

露一般在夜间形成，日出以后，温度升高，露就蒸发消失了。

霜降后的植物

在农作物生长的季节里，常有露出现。它对农业生产是有益的。在我国北方的夏季，蒸发很快，遇到缺雨干旱时，农作物的叶子有时白天被晒得卷缩发干，但是夜间有露，叶子就又恢复了原状。人们常把“雨露”并称，就是这个道理。

小水珠在空中凝结成云，凝结后遇到其他颗粒就越结越大，当重力大于浮力时，小雨滴降落形成雨，下落过程中如果受冷就形成了雨雹。风一般从无云的地方往有云的地方吹。

还可以看风的变化。冰雹云到来之前，风速时大时小，风向不定，常吹漩涡风。风的来向就是冰雹的来向，在大风中伴有稀疏的大雨点。一般下雹子前常刮东南风或东风，雹云一到突然变成西北风或西风，并且降雹前的风速一般大于下雷雨前的风速，有的可达8级～9级，随后连雨加雹一起降下来。所以农谚说：“恶云伴狂风，冰雹来得猛”、“恶云见风长，冰雹随风落”、“有雹无风，降雹稀松”，这都说明了冰雹形成和风是有一定关系的。

## “云顶长头发，定有雹子下”

究竟什么样的云会下雹子，怎样识别它？除了借助于科学仪器观测外，有经验的农民在生产实践中也积累了丰富的观天方法。

“云顶长头发，定有雹子下”

雹云

首先从云的形态看，雹云云体一般高耸庞大，云底低而云顶高，可达8～10千米以上，翻腾厉害，比发展旺盛的雷雨云移动速度还快，有的像倒立的笤帚，有的像连绵的山峰，云底的滚轴状和乳房状很明显。农谚说："云顶长头发，定有雹子下"、"天有骆驼云，雹子要临门"。

其次看云的颜色。冰雹云的底部颜色比一般的雷雨云还乌黑，像锅底色，还经常带土黄色或暗红色，也有的带紫绿色。这是因为冰雹云比一般雷雨云发展更旺盛，水汽含量更多。

阳光透过水汽和尘埃较多的云层时，短波长的青、蓝、紫光线大部分被吸收，而长波的红、橙、黄等光线照到云边上，就显得乌黑里边带黄色或杏黄色了，农谚说："黑云黄捎子，必定下雹子"、"人黄有病，天黄有雹"、"黄云翻，冰雹天”就是这个道理。雹云的中间部分是灰色，云顶是白色。

第三看云的动态。如两块浓积云合并，发展异常迅速，群众叫做云打架或云接亲；有时四面的云向一处集中，一般是向经常产生冰雹的源地的上空集中，这是因为气流的辐合作用和地形地貌的影响，由于对流进一步加强，云体发展得更旺盛而出现的。

乌云压顶

群众说：“云打架，雹要下”、“乱搅云，雹成群”。有时中午山腰起白雾，山后有黑云成团翻滚而来，白雾和黑云结合，云翻腾得更厉害，直冲天空，云底乌黑，渐变暗色，云边呈土黄色，出现滚轴状和乳房状，翻滚异常，来势凶猛，这也是一种冰雹云；有时大块黑云或黄云下边有小块的灰白色的碎云块跑得很快。

所以老百姓说：“午后黑云滚成团，恶风暴雨一齐来”、“白云黑云对着跑，这场雹子小不了”，还有“黑云尾，黄云头，雹子打死羊和牛”、“天黄闷热乌云翻，天河水吼防冰蛋”等谚语也都生动地从云的形态方面描述了冰雹来临的前兆。

## “恶云伴狂风，冰雹来得猛”

冰雹云的特征是，空气对流很强，云块发展很快，云头和云底上下翻滚，搅动剧烈，好似浓烟一股一股地朝上冒，气势凶猛。

还可以看风的变化。冰雹云

恶云伴狂风，冰雹来得猛

到来之前，风速时大时小，风向不定，常吹漩涡风。风的来向就是冰雹的来向，在大风中伴有稀疏的大雨点。

一般下雹子前常刮东南风或东风，雹云一到突然变成西北风或西风，并且降雹前的风速一般大于下雷雨前的风速，有的可达8级—9级，随后连雨加雹一起降下来。

所以农谚说："恶云伴狂风，冰雹来得猛"、"恶云见风长，冰雹随风落"、"有雹无风，降雹稀松"，这都说明了冰雹形成和风是有一定关系的。

## 冰雹云形成冰雹过程猛烈

雷雨云也跟冰雹云一样，都基本上属于积云科和对流云科。但是，冰雹云和雷雨云不同的地方

闪电

是，雷雨云是小型对流云的发展的成熟阶段，是由积云发展而来。

重量比较轻，带正电的云层堆积在雷雨云的上方位置；重量比较重，带负电的云层堆积在雷雨云的下方位置；正负两种不同的电荷互相吸引时，并且正负两种不同的电荷的差异已经非常大时，就以闪电打雷的形式把雷雨云可怕的能量给释放出来。

而冰雹云是大型对流云的发展的成熟阶段，也跟雷雨云一样，是从积云发展而来的。重量比较轻，带正电的云层堆积在冰雹云的上方位置，重量比较重，带负电的云层堆积在冰雹云的下方位置；正负两种不同的电荷互相吸引时，并且正负两种不同的电荷的差异已经非常大时，就以闪电打雷的形式把冰雹云可怕的能量给释放出来。

但是冰雹云和雷雨云最不相同的是，因为冰雹云中的空气对流运动要比雷雨云还要猛烈的多，再加上冰雹云中的水汽含量比雷雨云多

2倍左右，还有，冰雹云中在形成冰雹的同时，不仅需要耗费大量的水汽，而且冰雹云形成冰雹的进行过程也非常猛烈，横闪频率自然就比竖闪频率高了，所以打闷雷和出现横闪电。

## 世界上最大冰雹曾坠落陇西

冰雹是地势高、地形复杂，受大气环流影响，水蒸气在高空低温下形成的，在夏季强雷阵雨伴随冰雹现象时有发生。地处黄土高原的甘肃省，是我国冰雹灾害的多发区。

翻开地方史志《自然灾害篇》，重大雹灾发生频繁，“雹如鸡卵，打死人畜，雹积盈尺，三天不化，雹落百里，夏秋无收，民大饥”的记述不绝。上世纪40年代，曾有人目击过冰雹层厚过一尺，凝结成冰块逾三日不化的奇境，目睹者莫不骇然。

1990年版《陇西县志》“冰雹灾害”一节中载：“民国25年（1936年）闰3月27日下午六七

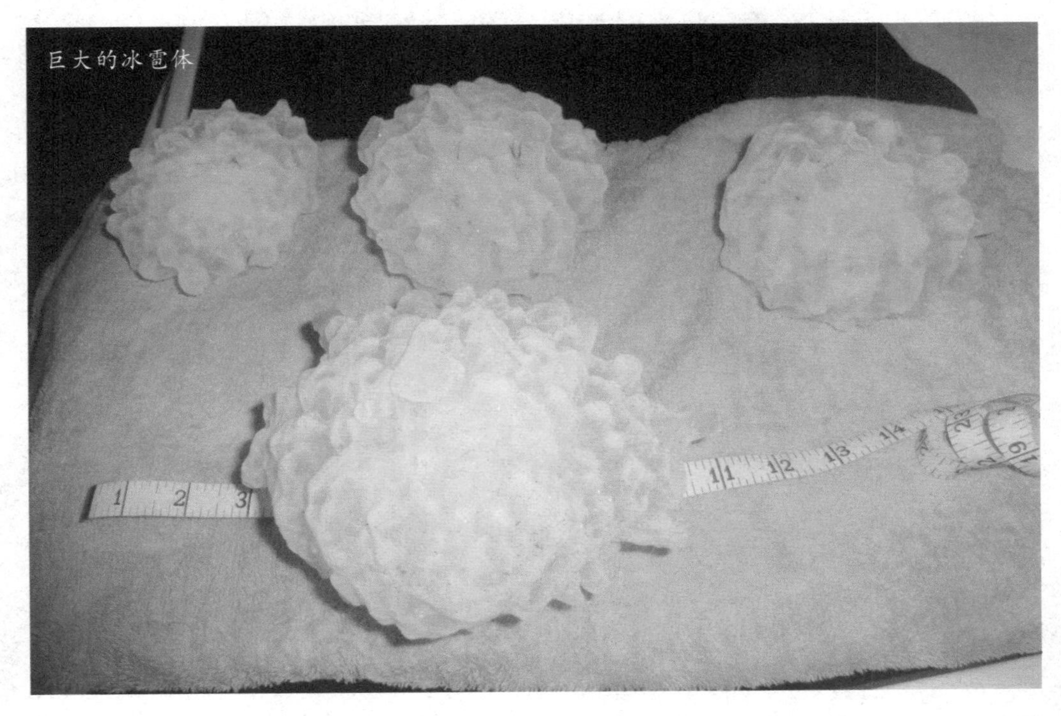
巨大的冰雹体

时，黑云迅雷起自西北山向县境袭来，冰雹骤降，大如鸡卵，且混杂有厚30多厘米、宽5寸之大冰块，打死飞禽甚多，牲畜伤亡700多，一时山洪暴发造成严重灾害。菜子沟曾坠下一个大冰雹，高约1米多，第二天还未化完，用大车拉到县城后照了像，经过12小时融化还重54千克。此次雹灾南乡为重灾区。”

这个大冰雹比记录于《世界地理之最辞典》中，于1928年7月6日降落在美国内布拉斯加州博达的周圆431毫米、重680克，是当时世界上最重的冰雹，重近80倍；比1970年3月9日坠落于美国堪萨斯州科菲维尔的一枚周圆444.5毫米、重750克，为迄今已知世界上最重的冰雹重72倍。

故坠落于陇西县菜子沟的大冰雹堪称无与伦比，是世界上最重的特大冰雹。

## 在天空开刨冰店的冰雹家族

有关冰雹的传说，有一个可爱的通话故事，传说在天空中，住着云家族、雨家族、雪家族和冰雹家族。冰雹妈妈特别会制作刨冰，所以她开了一家刨冰店。冰雹妈妈的刨冰店刚开张，生意就很好。

冰雹袭击后的庄稼

有时候，她实在忙不过来了，就会拉冰雹小弟去帮忙。可是冰雹小弟却认为这是一件很丢脸的事。这天，冰雹妈妈身体不舒服，就叫冰雹小弟去卖刨冰。

冰雹小弟生怕被别人认出来，把头低得不

暴风雨来袭前

能再低。偏偏这时小雨点看到了冰雹小弟，就开始嘲笑他，小雨点的话让冰雹小弟感觉到不舒服，他很想找个地方躲起来，就趁着大家不注意的时候，把刨冰全部倒掉，然后匆匆离开了，于是天空就噼里啪啦地砸下了冰雹。

其实冰雹只是一种天气现象，如果下了一场100毫米的暴雨，就相当于从空中向一公顷地里倾泻6.67万千克的水，这些水除了下渗一部分外，绝大部分流入了大小河流。

所以，百万公顷地里的水汇集

到河流中，会产生很大的洪流，山区还会形成泥石流。冰雹有的像酸枣那么大，有的比桃子还大。经过冰雹袭击的庄稼、果树损伤程度都很大，人和动物遇到冰雹也会有死伤。

在农作物遭受雹灾后，要注意及时排水和中耕松土。冰雹机械冲撞力很强，会夯实松散的土壤造成板结，持续时间越长对土壤板结作用越大，造成耕层土壤温度下降、田间湿度增大，严重破坏了作物根系的生长环境。

因此，雹灾后应及时清沟排水，以降低土壤湿度，并要及时连续进行中耕松土。特别是盐碱地和粘土地更为重要，避免发生泛盐和淤泥板结而造成死棵。清除田间残枝败叶，抖掉枝叶泥土，扶正植株。

冰雹袭击后的水果

冰雹过后应通清沟排水

不要人为损伤茎叶或剪除破残茎叶，以免减少绿色光合面积，影响作物恢复性生长。还要及时进行化学调节和叶面喷肥。受到冰雹打击后，农作物只是受到轻微机械损伤会很快重新生长，可及时进行化学调节和叶面喷肥。

## 未被证明的冰雹猜想

1985年，德国汉堡大学的库拉兹发表了一篇文章，谈到他早在1928—1933年期间发现的一个问题：对于任意一个大于2的自然数，反复进行以下运算：

若n为奇数，则将它乘以3再加1；

若n为偶数，则除以2。如此计算下去，最后总可以得到1。库拉兹把它称为（3n+1）问题。日本数学家角谷静夫也曾提出上述的问题。所以，在日本，人们把它称为角谷猜想。

现在我们以18为例算算看：

18÷2=9　　9×3+1=28

28÷2=14　　14÷2=7

7×3+1=22　　22÷2=11

11×3+1=34　　34÷2=17

17×3+1=52　　52÷2=26

26÷2=13　　13×3+1=40

40÷2=20　　20÷2=10

10÷2=5　　5×3+1=16

16÷2=8　　8÷2=4

4÷2=2　　2÷2=1

再以50为例：

50　25　78　39　118

59　178　89　268

134　67　202　101

304　152　76　38

19　58　29　88

44　22　11　34

17　52　26　13

以下同上例的第11步。

我们注意到：以上两例的运算过程中，算出来的数忽大忽小，犹如悬浮在空中的水珠，在高空气流的作用下，忽高忽低，遇冷成冰，体积越来越大，最后变成冰雹落了下来，变成了“1”！根据这种生动的类比，数学家们又把上述猜想形象地称为“冰雹猜想”。

日本数学家米田信夫曾对7 000亿以内的数进行过验算，结果都是正确的。但迄今为止，人们还未能得到这个猜想的严格证明。但我们相信，和其他的数学猜想一样，经过有志者不懈的努力，“冰雹猜想”终将为人们解决。

这个“冰雹猜想”也是很有意思的，它一定也是和哥德巴赫猜想一样，是很难证明的了吧.

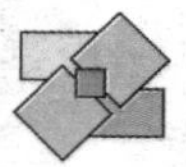

## 迷你知识卡

### 水汽

水汽在大气中含量很少，但变化很大，其变化范围在0%～4%之间，水汽绝大部分集中在低层，有一半的水汽集中在2千米以下，四分之三的水汽集中在4千米以下，10～12千米高度以下的水汽约占全部水汽总量的99%。

### 辐合

因为地面加热作用，造成气层不稳定以及高原上盛行的低涡、切变线等天气系统造成系统性的运动称为辐合上升运动，气流辐合上升中的“辐合”指的是气流从四周向中心流动，如果气流从中心向四周流动叫辐散。如果低压中心，气流是从四周高压流入中心低压的，就产生了气流辐合上升。

对流云

### 对流云

是由于热力原因或动力原因在不稳定的大气层内产生对流所形成的积状云。热力对流形成的云体孤立分散，具有明显的日变化；动力对流形成的云体往往成长条状分布，一天中任何时刻均可出现。

# 冰雹
## ——最凶猛的大自然灾害

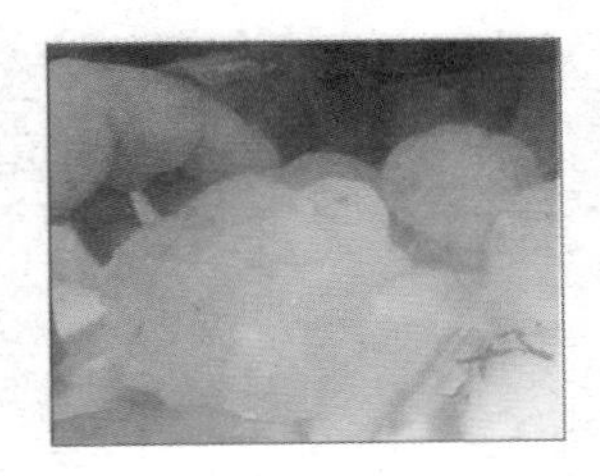

## 在中国冰雹最喜欢去的地方

中国冰雹最多的地区是青藏高原。例如西藏东北部的黑河，每年平均有35.9天冰雹，最多年曾下降53天，最少也有23天；其次是班戈，一年有31.4天在下冰雹，申扎28.0天，安多27.9天，索县27.6天，均出现在青藏高原。

青藏高原美景

## 冰雹更喜欢光顾植被简单地区

冰雹的路径主要取决于所处的天气系统的位置和气流方向以及地形、地势。青藏高原的冰雹路径多是由西向东或由西北向东南移动。

由于本地区有唐古拉山、念青唐古拉山、昆仑山等高大山系、山脉和河流，另外，本地区从东向西植被种类变得简单、稀少，从而影响了冰雹移动路径，造成那曲、安多冰雹日数比其它县多。在日常生产中，只能结合实际提前做好防御措施。

结合青藏高原冰雹分布特点、成因及移动路径，选择适宜的夏季牧场，尽量避开冰雹活跃地段；在季节转场时，要注意冰雹移动路径。

积极开展冰雹天气的气象研究，尽快开展局地人工防雹工作。种草种树，加快绿化，改良生态环境，也能减弱强对流的发展，减少雹害的发生。

## 科考团队走出惊心动魄的那曲

曾经有一支科考队经过西藏那曲，在行进过程中，突然看到前方一大片乌云纷纷下坠，根据队员们的经验判断那片地方正在下雨，但而其他地方依旧是阳光灿烂，让人惊讶的是云下的山坡已是白茫茫一片，难道七月的那曲还会下雪?

车队小心驶上山路，进入了云区，密集的冰雹打在车前挡风玻璃上，原来不是雪，而是冰雹，蚕豆般大的冰雹砰砰的猛烈敲打着车身。有一阵冰雹密集不断，雨刷也打到最高档还有点跟不上，队员们担心冰雹会砸碎玻璃或冻结在玻璃

那曲

上，冰雹打在玻璃上很快就碎了、融化了。

那曲冰雹过后的彩虹

七月的那曲一片冰天雪地，从盛夏一下进入了冬天。视线和路况因为这场冰雹变得很差，放慢车速小心行驶在藏北草原的冰融路面上，二十分钟后，没有了冰雹，只有斜风细雨，终于走出了那一场惊心动魄的冰雹区域，迎接他们的是从未见过的美丽彩虹和彩霞。

样长时间的强冰雹如果在宁夏，对农作物会是毁灭性的，会直接造成农作物颗粒无收，自然环境会被严重破坏，而在那曲草原有的是草原和牦牛，不知道会不会造成多大的损失。听说西藏的天气是：一天有四季，十里不同天，只有真正踏上西藏的土地，才能领教了西藏的气候特色。

那曲正是中国冰雹最多的地区，一年平均35.9天，最多一年曾下了53天，最少年也有23天，所以在那曲行走时赶上冰雹也就不足为奇了。

冰雹喜欢光顾植被简单地区

青藏高原是母亲河的发源地，雪山冰川广布，湖泊湿地众多，一场雨过后，就会看到路边众多的水洼草

地。天下黄河富宁夏，如果没有黄河就没有十大新天府的宁夏平原，如果没有青藏高原降水也就不会有养育宁夏平原的黄河。

## 黑云尾、黄云头、雹子搞死羊和牛

冰雹灾害是由强对流天气系统引起的一种剧烈的气象灾害，它出现的范围虽然较小，时间也比较短促，但来势猛、强度大，并常常伴随着狂风、强降水、急剧降温等阵发性灾害性天气过程。

砸死人不偿命的冰雹

中国是冰雹灾害频繁发生的国家，冰雹每年都给农业、建筑、通讯、电力、交通以及人民生命财产带来巨大损失。

据有关资料统计，我国每年因冰雹所造成的经济损失达几亿元甚至几十亿元。因此，我们很有必要了解冰雹灾害时空动荡格局以及冰雹灾害所造成的损失情况，从而更好地防治冰雹灾害，减少经济损失。

冰雹主要发生在中纬度大陆地区，通常山区多于平原，内陆多于沿海。中国的降雹多发生在春、夏、秋3季，4—7月约占发生总数的70%。比较严重的雹灾区有甘肃南部、陇东地区、阴山山脉、太行山区和川滇两省的西部地区。

注重听广播从电视里看本地的气候预告，相识气候变化趋向，做好防雹筹办，注重当天的气候状态。要是下雹季候的清晨凉，湿润程度大，午时日头辐射强烈，造成空气对于流旺盛，则易成长成积雨云而形成雹子。

故有“清晨凉丝丝，午后打破头”、“清晨露珠重，后响雹子猛”的讲法。呈现这类气候时，老人和小孩不要出行，最好留在家中。实时遁藏，有谚语云：“黑云尾、黄云头、雹子搞死羊以及牛”的讲法，要出行把握好这类气候。

假如在室外遇到冰雹，要快速在这段处找到带有顶棚、可以容或者避雷防雹的安全场合，防止雹子的袭击。假如身边有可以遮挡的工具，应用防雨用具或者其它代用品掩护头部，并尽量加快转移到室内，以避免造成人、畜的受伤以及死亡。

## 来势凶猛的气象灾害

夏季，有的云还会下冰粒，这种冰粒就是冰雹。冰雹是发展得特别旺盛的积雨云的产物。

如果我们解剖一个冰雹，可以发现它最里面是一颗白色不透明了

黑云尾

黄云头

雪珠，雪珠也叫作霰，霰是白色不透明的圆锥形或球形的颗粒固态降水，下降时常显阵性，着硬地常反弹，松脆易碎在高空中的水蒸气遇到冷空气凝结成的小冰粒，多在下雪前或下雪时出现。

夏天，在高山地区，天空里经常有许多过冷水滴围绕着结晶核冻结，形成了一种白色的没有光泽的圆团形颗粒，气象学上把这种东西叫做霰，在不同的地区有米雪、雪霰、雪子、雪糁、雪豆子等名称。

霰的直径一般在0.3到2.5毫米之间，性质松脆，很容易压碎。霰不属于雪的范畴，但它也是一种大气固态降水。常发生在摄氏0度，也可能存在零下40摄氏度左右的温度，却属于未结冻的状态，霰通常于下雪前或下雪时出现。

在某种压力下，雪晶可能接触到过冷云滴，这种小滴的直径约10微米，于摄氏零下40度时仍呈液态，较正常的冰点低许多。雪晶与过冷云滴的接触导致过冷云滴在雪晶的表面凝结。晶体增长的过程即为凝积作用。雪晶的表面有许多极冷的水滴，遇冷凝结成霜，而此过程持续使原本雪晶的体积变大，晶体消失则称为霰。天空中飘着的云彩千姿百态，变化多样，但所有的云彩都是由许多小水滴和小冰晶组成的。

雨滴和雪花就是由云中的云滴和冰晶增长变大而来的。 云滴非常小，要使云滴继续增长达到雨滴的大小，需要云层很厚，含水量多，就是说云滴浓度很大，云滴之间相互碰撞合并逐渐增大成雨滴。

这种碰撞运动需要在云中有较强的垂直运动，才有可能增加云滴的多次碰撞并合成的机会。

这些雪珠构成的雹心，外面是一层透明、一层不透明交替包裹的冰层。冰雹云里有大量的冰晶和过冷却水滴，它们在运动过程中互相冻结在一起，成为雪珠。

雪珠就是冰雹的胚胎。冰雹胚胎在云里随着气流上下往返旅行。当它们进入下面温度比较高、水汽比较多的区域的时候，外面形成一层水膜。以后，一旦遇上一股上升气流，被送到温度比0℃低的地方，水膜冻结成一屋透明的冰壳。

如果上升气流很强，它们再被送到上部含有大量雪花、冰晶、过冷却

雪霰

水滴在它上面冻结。由于云上部温度很低，冻结很快，雪花、冰晶和水里包含的空气来不及跑掉，结果形成了一层不透明的冰层。

冰雹云里气流一会儿强，一会儿弱，所以冰雹胚胎一次又一次在云里上上下下，反复上面的过程，形成一屋透明、一屋不透明的冰层。它长大到上升气流托不住的时候，一落千丈，来到地面，就成为冰雹。

到底冰雹是如何形成的呢？我们再此详细说明下：首先，冰雹必须在对流云中形成，当空气中的水汽随着气流上升，高度愈高，温度愈低，水汽就会凝结成 液体状的水滴；如果高度不断增高，温度降到摄氏零度以下时，水滴就会凝结成固体状的冰粒。

在随着气流上升运动的过程

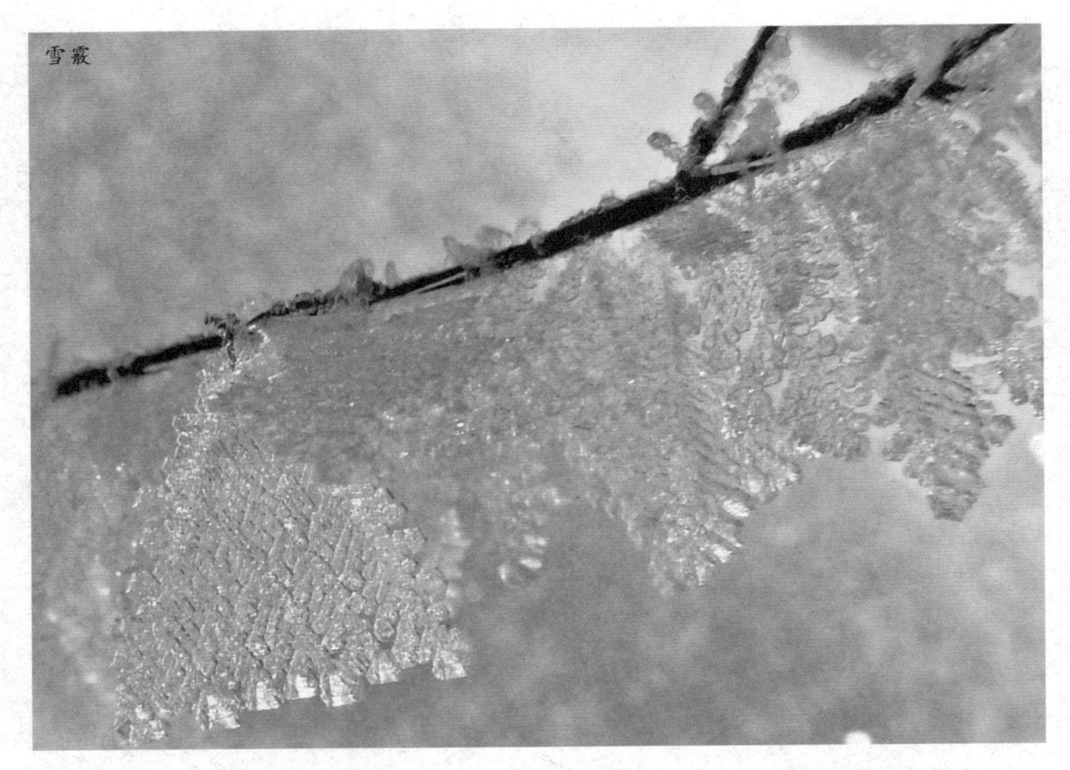
雪霰

中，冰粒会吸附附近的小冰粒或水滴，而逐渐变大、变重，等到上升气流无法负荷它的重量时，冰粒便会往下掉，但这时的冰粒还不够大颗，如果这时能再遇到一波更强大的上升气流，把向下掉的冰粒再往上推，冰粒就能继续吸收小水滴凝结成冰。

在反覆上升下降吸附凝结下，冰粒就会愈来愈大颗，等到冰粒长得够大够重，又没有足够的上升气流能够再将它往上推时，就会往地面掉落。如果到达地面时，还是呈现固体状的冰粒，就称之为冰雹，如果融化成水掉下，那就变成雨了。由此可知，如果空气又暖又湿，有足够的水分，加上旺盛的对流状态，就有可能产生冰雹。

有的冰雹松松软软的，就像是雪一样，但有的冰雹，就像是冰块一般，相当坚硬，如果降下的冰雹过大时，就有可能造成农作物、建筑物甚至是人员的伤害，所以人们看到天降冰雹时，在惊喜之余，最好还是要小心自己的安全。

冰雹它来势凶猛，虽然一般持续的时间较短，范围也较小，但危害性、破坏力却极大，轻则砸毁叶片，使地温降低，重则可造成绝收。冰雹的局地性较强，特别是处在山区，局部地区对流旺盛，山多，抬升作用大，所以雹灾多发。

其实冰雹不仅有直接危害，而且还有间接危害。这是因为，当冰雹下降时因机械破坏作用，使作物叶片、茎秆等受到直接损伤；而冰雹落地后地面积压的雹块，又会造成土壤板结，同时由于冰雹内的温度在0℃以下，还会使作物受到冻害。那么，怎样才能减轻冰雹的危害呢？

在农业方面，应该注意以下几点进行防雹。一、根据多年生产经验，做到合理布局，尽量避开雹线、雹窝，并选种土豆、花生、甘薯等根块类作物，使冰雹无法发

选择种殖花生

冰雹对作物的伤害很大

威。二、掌握冰雹多发时间，调整种植时间。有选择种殖花生。

冰雹多发时间均在夏初和初秋，找准并选种这个季节的当家品种。三、运用高科技手段，人工驱雹、消雹。当遇有冰雹云产生时可及时进行火箭消雹。四、冰雹灾发生后，如果受灾作物还能恢复生长，应立即增加肥力，提高地温或用水灌溉使冰雹尽快化掉。

在作物损伤较为严重的地块，应移植生长期短、早熟的作物，或补种菜类，用以减轻冰雹所带来的损失。

## 20年来最大一场冰雹袭北京

北京曾经两次遭遇巨型冰雹袭击，出现15厘米巨型冰雹。在密集的雷雨中，北京的部分地区突然遭遇了冰雹袭击。在此之前，市气象台发布了冰雹橙色预警。据气象部门的观测显示，在北京降落的冰雹最大的如鸡蛋大小，直径一般也在两厘米左右。冰雹分布得并不均匀，市气象台专家介绍，此次袭击北京的冰雹基本出现在城区的南部和东部。门头沟、石景山、丰台、宣武、崇文、朝阳的部分地区都遭袭击，其中宣武区最严重。

在2005年时袭击北京的冰雹是20年来最严重的，气象专家介绍，历史记录显示，1969年，北京遭遇过一次严重的冰雹袭击，长安街沿线的不少路灯都被冰雹击碎，而在上世纪80年代也有一场强冰雹袭击北京，所以，此次的冰雹是20年来最猛烈的。气象专家介绍，这次北京遭受如此猛烈的冰雹袭击的原因是，受一股来自蒙古地区冷涡空气的影响，北京上空的大气层中上冷下暖，空气对流运动强烈，雨点在接近地面时因为有小冰核而发生凝聚，小冰核则随着空气的上升而抬高，冰核在上下的剧烈运动中不断有水汽附着在其表面使其加大，在

霰雪冰雹袭北京

冰雹对城区的部分花草树木造成伤害

大气不能负担时，冰球掉落到地面形成了冰雹。

但袭击北京的冰雹持续时间只有5分钟，专家介绍，冰雹最大的特点就是突发性强，来得急、走得快。往往一场冰雹也就持续三五分钟，而形成冰雹的天气条件也相当复杂，一般都没有办法摸透它的“脾气”，所以，在冰雹降落过程中消雹难度是很大的。同时，消雹就要动用高射炮、消雹火箭等，而空中还有飞机等飞行器活动，空域控制是相当严格的，消雹作业也就不能随意进行。

冰雹确实对城区的部分花草树木造成了“伤害”，其中，宣武区、崇文区、丰台区和朝阳区、西城区都有波及。“受伤”最重的是城区中的阔叶乔木，叶片宽大的毛白杨、栾树及常青藤等受伤最重，正开花的灌木也受伤不轻。冰雹后，园林部门将对受伤严重的花木进行更换和补植。然而，冰雹虽然伤害了部分城市花木，但和其相伴的降雨却也缓解了久困草木的旱情。

这场冰雹还让不少市民的家中都遭了殃，有位女士打来电话说，她家的窗玻璃被大块的冰雹砸出了一个大口子，一位先生家的院子里也被冰雹“包围”了，密集的冰雹将他家的院子“弄得像冬天一样”。

冰雹过后，保险公司也开始忙活，据保险公司了解到，冰雹过后下午的车险报案数量比平时激增了1倍多，仅在冰雹降落的两个小时内，人保北京分公司就接到与冰雹相关的车险报案535起，太保北京分公司接到报案超过250起，据了解，出险车辆大多是冰雹把车窗玻璃砸碎或者造成了车身表面的凹坑。

## 多雹季节，带着篮子下地

在多雹地带，种植牧草和树木，增加森林面积，改善地貌环境，破坏雹云条件，达到减少雹灾目的，还可以增种抗雹和恢复能力强的农作物，成熟的作物要及时抢收。多雹灾地区降雹季节，农民下

带着篮子下地

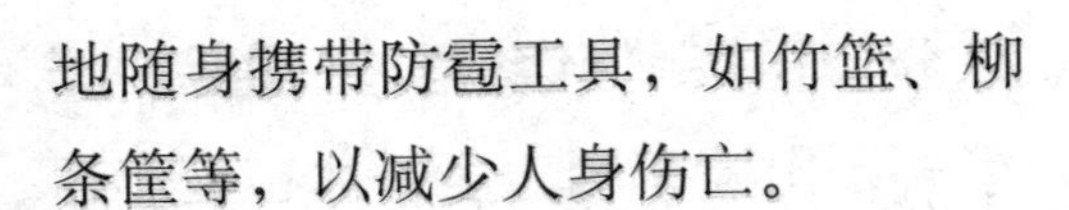

地随身携带防雹工具，如竹篮、柳条筐等，以减少人身伤亡。

## “农业卫士”——民兵防雹队

新疆农七师一二五团是以农业为主业，农业兴，百业兴，该团现有耕地面积1.4万公顷，周边与乌苏市4个乡镇相邻，拥有耕地面积1.2万公顷，一二五团民兵防雹队覆盖上述区域，承担着农业防雹减灾和人工增雨作业任务，人们习惯称他们为“农业卫士”。

农七师一二五团民兵防雹队，

国外防雹设施

正在工作中的防雹设备

现有人员25人，由退伍军人和基干民兵组成，下设防雹炮点6个，火箭发射车2辆，最远的炮点距团部达30多千米，驻守在远离人烟的大漠戈壁深处，为确保作业区人员安全，有效拦截冰雹云进入农田区，炮点主要分布在远离居民区和农田正西方3～5千米处。

每年冰雪消融，大地回春的季节，这就是出征的冲锋号，农业卫士们精心维护保养着自己心爱的高炮、火箭，加强气象知识理论学习，严格军事操练，一声令下，他们从4月到9月间，长达5个月的时间里，告别父母、妻儿亲人，打起背包，踏上征程，他们清楚肩上所担负的责任。

每个炮点4～5人，这样一个小集体，他们提出的口号是“以点为家、以苦为荣”，首先要战胜生活

中的诸多不便，吃水困难，要到几公里外的连队拉水，用电不正常，无法观看电视，文化生活单调，居住区杂草丛生，蚊蝇叮咬，个别炮点居住在帐篷里，夏季气温高达40多度，晚上难于入睡，其次要克服思想上的寂寞，想办法开展简单的文娱活动，强化实际操作技能的演炼，充实一天的生活。

251炮点炮长康忠林的家属，患有严重的心脏病，常年靠药物维持，平常无法从事日常劳动，生活自理都非常困难，七月的一天，强对流天气来袭，各炮点正在紧张防雹作业，康忠林突然接到了岳母电话，爱人心脏病发作，急需住院治疗，康忠林眼含着热泪，无奈的告诉岳母，拜托你们照顾吧，康忠林感慨的说：我愧对于家庭太多，只要农业丰收了，付出值得。

进入4月底，各种农作物已显绿，承包职工和农民朋友寄托了希望，夏季的天气，瞬息万变，时而晴空万里，时而电闪雷鸣，各炮点也进入了临战状态，坚持24小时值班制度，每小时同上级和雷达站联系一次，及时通报天气变化情况，6月的一天，天气突变，乌云压顶，打雷闪电不断，上级和雷达通报，这是强冰雹云天气过程，下达立即作业的命令。

随即6门高炮，2辆火箭发射车同时作业，在这紧要关头，254高炮在作业中出现故障，在现场指挥作业的民兵连连长果断处置，故障排除后，又立即投入到作业中，当天共发射炮弹800多发，火箭弹6枚，防护区内普降中量的雨，有

巨大的冰雹带来生命安全隐患

碗大的冰雹

效抑制了冰雹对农作物的毁灭性侵袭，挽回经济损失3 000多万元。

该团武装部负责人影防雹工作的魏品，长年驻守炮点，坐阵指挥，有时半个月不回一次家，爱人常抱怨，“你知道有家吗”，他深有感触的说：我从事这项工作20多年了，知道这份工作责任重大，各级领导干部和广大职工群众寄予的期望，这几年农业没有遭受重大冰雹灾害，职工收入逐年增加，团场面貌日新月异，这让我们感到心慰，无愧于“农业卫士”这个称号。

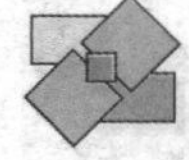

## 迷你知识卡

### 霰

又称雪丸或软雹，由白色不透明的近似球状（有时呈圆锥形）的、有雪状结构的冰相粒子组成的固态降水，直径2～5毫米，着硬地常反跳，松脆易碎。

### 云滴

降水的形成就是云滴增大为雨滴、雪花或其它降水物，并降至地面的过程。一块云能否降水，则意味着在一定时间内能否使约106个云滴转变成一个雨滴。使云滴增大的过程主要有二：一为云滴凝结增长。一为云滴相互冲并增长。实际上，云滴的增长是这两种过程同时作用的结果。

# 冰雹
## ——那些与冰雹有关的离奇事儿

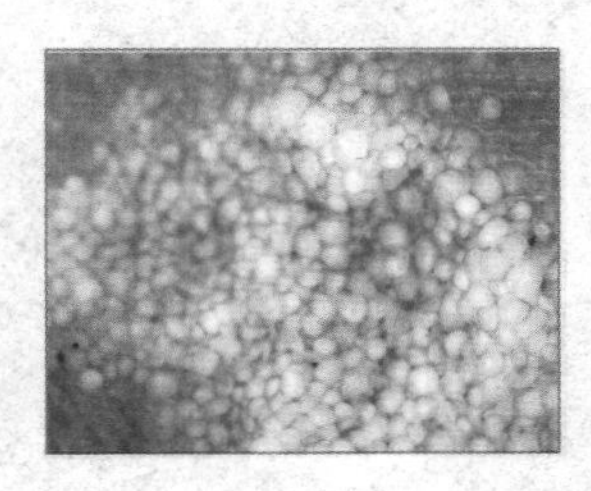

1. 会带来冰渣子的“秃尾巴李”
2. 北京的雹子胡同
3. 1969年有关冰雹的童年记忆
4. 顶着高压锅防雹
5. 江西3 000千克重油罐被吹飞500米
6. 喜欢拍摄冰雹的“数码男”
7. 石河子多普勒雷达防雹实例
8. 下雹时应该注意什么

### 会带来冰渣子的“秃尾巴李”

黑龙江的名称的由来就是以秃尾巴老李而得名。

“秃尾巴老李”传说是人遭龙戏，即人龙杂交的产物。说的是山东某地有一位农妇在田地里干活，因为困极打盹被“龙戏”而怀孕，后来生下一个怪物，即一条小黑龙。小黑龙落地即能腾云驾雾，来去无踪，但从那时起，那水潭变得格外动人。更为奇特的是那水的水

神话中的龙

传说中的龙

流方向，上下午各不相同。

上午水流自南向北，下午自北向南，湾中水位基本不受雨水大小的影响，从古至今都是这样。又过了好久，有人发现湾中好像有条黑色的龙，开始人们很是惊恐，后来发现那龙从不滋扰乡民，只是生活在水湾中，与百姓相安无事，便不再害怕了。

但小黑龙每天都要回到母亲身边吃奶，非常恋母。农妇的丈夫姓李，对此非常恼火。一天，趁小黑龙来吃奶的时候，挥起菜刀向小黑龙砍去，小黑龙躲闪不及，被砍掉了尾巴，负痛逃到了东北黑龙江。

传说黑龙江原为一条白龙镇守，名曰白龙江。白龙兴风作浪，残害人民，弄得人心终日惶惶。突然有一天，美溪上空雷电交加，乌云密布，一条黑龙自湾中腾空而起。转瞬间，雷息了，雨停了，风和日丽。然后在白龙出没的水域多了一条黑龙，二龙一见，便厮杀在一处，直杀得天昏地暗。当地百姓很透了小白龙，再加上当地“闯关东”的山东人居多，人们都聚集在江边，看二龙大战，看黑龙上来了，就扔馒头，看白龙上来，就仍石子儿，二龙鏖战了三天三夜，最后黑龙终于战胜了白龙，黑龙江也因此得名，后来黑龙便应天命，司守黑龙江了。

据说，白龙统治时期，土是白浆土或黄沙土，黑龙来了之后，为了报答当地百姓，造福家乡，全变成了黑土地，肥沃的黑土地，把“北大荒”变成了“北大仓”，现在，东北的黑土地已列入国家重点

北大仓

黑龙江夕照

保护项目。

黑龙因为与山东老乡有如此深厚的渊源，在黑龙江上凡载有山东人的过往船只，到了江心，秃尾巴老李就送上一条大鲤鱼。船家在开船前总是先问问乘客中有没有山东人，有山东人就风平浪静，稳稳当当，没有山东人那就难说了。因此即便没有山东人，船上的人也会代为回答：“有啊”。

那跳上船板的大鲤鱼，当然谁也不吃，船家双手捧起，向着乘客喊道：“秃尾巴老李给山东老乡送礼了！”然后再放回江里，这风俗直到民国时还保持着。

小黑龙非常眷恋母亲和家乡。

每年山东大旱不雨，他总会想办法给老家行云布雨，只不过有时来得急了，会携带来黑龙江的冰碴子，即下雨时有冰雹。

逢有冰雹时，人们就会联想起当年小黑龙被菜刀砍伤的情形，于是便扔菜刀吓唬吓唬小黑龙。当然，大多数情况下，小黑龙带来的都是为人所喜的及时雨。因此，山东各地均有为纪念“秃尾巴老李”而建造的庙宇。现存最早的应该是即墨县城东边不远的龙王庙，庙中有一直径约一米的水洼，洼中清水荡漾，盈盈见底，甚为神奇，相传为秃尾巴老李的栖身之所。以前每遇大旱不雨，人们习惯到此求雨，据说颇为灵验。至今庙中还保存着明清时期求雨用的令牌。

无形中，小黑龙充当了河神和雨神的角色，因为他生在李姓人家，人们便尊称他为“秃尾巴老李”。秃尾巴老李是个孝子，民间又有“龙不离母”之说，所以龙王庙附近往往又建有“龙母坟”。因为来祈祷的人很多，许多地方还因此兴起了“龙王庙会”或“龙母庙会”在黑龙江当职的黑龙，家乡情结总是难以割舍，便在闲暇的时候回到自己的出生地，人们便把那汪水叫做“回龙湾”了。

回龙湾，现在成了伊春市著名的风景区，渡过“汤旺河第一渡”，便到了山庄的牌楼，沿着石板甬路继续向前，就可以看到那传说中“黑龙腾天”的雕塑，栩栩如生，英武不凡。黑龙一爪持灵珠，踏祥云昂首飞天，一副临战受命，

回龙湾

天降大任的样子。

除上所述，民间关于“秃尾巴老李”的习俗还有许多：如传说农历六月六日是“秃尾巴老李”的生日，每逢这天，他们家的人都要把他断留在家里的龙尾巴拿出来晒一晒，并有谚语说“六月六，晒龙衣，阴晴四十天”，即这一天是什么天气，就会持续40天都这样。

后来，演变为民间晒衣日，据说这一天晒了衣服穿着吉利。还有就是一些地方妇女都穿绑腿裤，伏天夜里不敢在户外乘凉，更不敢打盹，生怕遭到龙戏。

## 北京的雹子胡同

冰雹是北京地区夏季常出现的自然现象，说来也巧，北京过去还真有一个以冰雹命名地名，叫雹子胡同，位于西城区，西四附近。其实这一名称是误称，明朝称箔子胡同，清代将“箔”讹为“雹”。

北京的雹子胡同

民国后，“雹”又谐音改为“报”，而称报子胡同。箔子胡同因有加工箔子的作坊而得名。箔子是指用苇子或秫秸编成的帘子，然后涂上金属粉末或裱上金属薄片的纸。

雹子胡同处于中轴线两侧对称的四合院保护区内。东临西四北大街，西临赵登禹路，全长527米，与小绒线胡同相交。干干净净的胡同。很市井很生活。

## 1969年有关冰雹的童年记忆

1969年8月29日，下午六点左右。北京下过一场大冰雹，那时虽然已经是秋天了，可热得出奇。后来云就上来了，又黑又白，两种，黑白云上下扯动，互相追跑，黑云吓人，白云也吓人，而且是在天上大手笔，大扯动。孩子们在胡同里乱跑，他们好像被云刮着，欢呼，高兴，新鲜，喝醉了一样。

冰雹倾泻而下

到最后风实在太大，孩子们被教回家中，于是一帮孩子堵在谁家门口中，你挤我，我挤你，雹子下来，一会儿你冲出去一会儿我冲出去捡雹子。大家捡回来比，看谁的大，冲出去的都是男孩，女孩一般都是看着，不屑一顾，或者大叫。

被轻视的男孩憋足了一口气，眼睁得大大的，看着外面地上，身体像猫一样弓着，随时把自己弹射出去。也有女孩去捡，那就是疯丫头了，一般这种疯丫头疯起来比男孩还疯，一些老实些的男孩甚至要被疯丫头欺负。

下雹子是童年的一大乐趣，每每大雨都盼着，甚至都有了经验，什么样的雨会下，比如雨很斜就容易下。可那个下午，雹子超出了以

这可不是雪

冰雹过后，许多玻璃像弹孔一样，小厨房的油毡顶砸的全是窟窿。水从厚厚的雹子下面流，回屋加了衣服，到了院子外面，更广阔的视野也是白的，像进入了冰河期。老北京，胡同，冰河，那是怎样的一场景象？

往的经验，一上来就是卫生球那么大，接着像鸽子蛋那么大，听见第一块玻璃碎大家都吓傻了，是大雹子！大雹子乱飞，乱撞，乱跳，就听“叮”、“当”、“噗”、“哗啦”一片毁灭性的响声。

雹子像从天上倒下来，可谓“倾盆大雹”。很快，也就几分钟，院子里一片白。特别是东半边，雹子已经成堆，天气骤冷，好像一下到了冬天。

雹子过后，街上的树木全被剃了光头，上午还雄伟壮丽的天安门广场，好似散场后的巨大露天电影

满地银珠

被雹打过的汽车

院，满地狼藉、满世界玻璃碎屑，所有的华灯灯罩破碎殆尽，连同东西长安街上的街灯统统都没了脑袋，只剩下一些金属的灯口部分还在孤守残灯。

## 顶着高压锅防雹

由于冰雹经常不请自来，于是2011年4月，在杭州街头出现了有人顶着高压锅上街的情形。当时杭城的天空突然乌云密布，就在路人以为是一场暴雨来袭纷纷找伞的时候，却突然听到了“啪啪啪啪”的声音，原来落下来的不是雨丝，而是如巧克力豆般大小的冰雹。

很多人冲出去看，大家都很惊奇，还有人拿出塑料桶、塑料盆来接，接了足有半脸盆。整个过程持续大约十六七分钟。

冰雹的破坏力还是很大的，附近有个自行车棚兼书房仓库的顶上，被砸出了一个个山核桃大小的洞，满目疮痍。

一时间，“围脖”上应者无数，不少亲见或者亲历这场冰雹的网友，都记录下这场突变。“马思嘉1985”说：老天这是跟谁在闹别扭呢？“拉风嘎子”回应道：他们说湖州暴雨，杭州冰雹，德清太阳半睁眼表示毫无压力！现场永远都需要“有图才有真相”，随即一张“杭州市民冰雹上街图”被许多人转发：图中一位大妈在冰雹中急中生智，拿起了手中的高压锅顶在头上，堪称最应景的“雨伞”。

其实这是强对流天气的表现，其中冰雹来自对流特别旺盛的积雨云中，在杭州这个季节的确少见。因为冰雹主要发生在中纬度大陆地区，通常山区多于平原，内陆多于沿海。春夏之交往往是浙江强对流天气的高发时节，因此大家出门，一定要留意。

## 江西3 000千克重油罐被吹飞500米

受强对流天气影响，2012年4月30日凌晨1时左右开始，江西吉安市境内大部分地区普降大到暴雨，其中，安福县、吉安县等地遭受了11级大风和冰雹的侵害。其中，吉安县有4个乡镇遭到一场百年不遇的特大暴风和冰雹袭击，

掉进网中的冰雹

冰雹云

共造成了2人死亡14人受伤，800余栋房屋受损，其中200余栋房屋倒塌。

此次风灾尤以该县的大冲乡东汶村委会最为严重。

在通往太冲乡的沿途，一路上都是拦腰折断的树木、倾斜的电线杆和掉落的广告牌，以及被屋顶瓦片被掀掉的房屋。在太冲乡街道两边是一片劫后惨状：店铺的卷闸门扭曲成了麻花状；沿街房屋窗户玻璃无一块完整。

位于街道边的一家电子厂，两层楼的厂房窗户玻璃也被一扫而光，几个卷闸门被风“肢解”。玻璃全被冰雹打碎，厂房内积了很多水，里面的产品和设备都被水浸泡，基本上全部要报废。

在厂房旁边的空地上，原来放置了一个重约3 000千克的油罐，暴风袭击后，油罐竟“飞”到了500米远的一块农田里。

大冲乡东汶村委会是整个吉安县受灾最严重的村庄，在狂风和冰雹席卷下，该村就有近百栋房屋被掀翻了屋顶。

路上到处都是残砖碎瓦，村中巷道几乎都被倒塌的房屋堵塞。在东汶村随处都是被折断的树木，树枝全都光秃秃的，叶子都被暴风卷了个精光。最令人咋舌的是，上屋村的一棵千年古樟树，竟被暴风生生撕裂成了两半。有暴风袭击

下雹子

该古樟胸围约1米，高数十米，树干被撕裂成了两半，一半仍然耸立，另一半则倒在旁边的空地上，该古樟耸立部分的枝条叶片全无，倒塌的一半则叶片茂密。该村多名高龄老人表示，连千年古樟也能劈裂，这样大的风一辈子都没见过。

## 喜欢拍摄冰雹的“数码男”

2011年11月3日，浙江临安下了一场冰雹，原本只是一种平常的天气，却因为一个喜欢拍摄极端天气的文艺数码男变得热闹非凡。

这场冰雹的大小跟小拇指差不多粗，最大的冰雹直径有9毫米。就是这场持续了十几分钟的冰雹，却彻底点燃了大家兴奋的神经——有数码男因为这场冰雹成了名人，

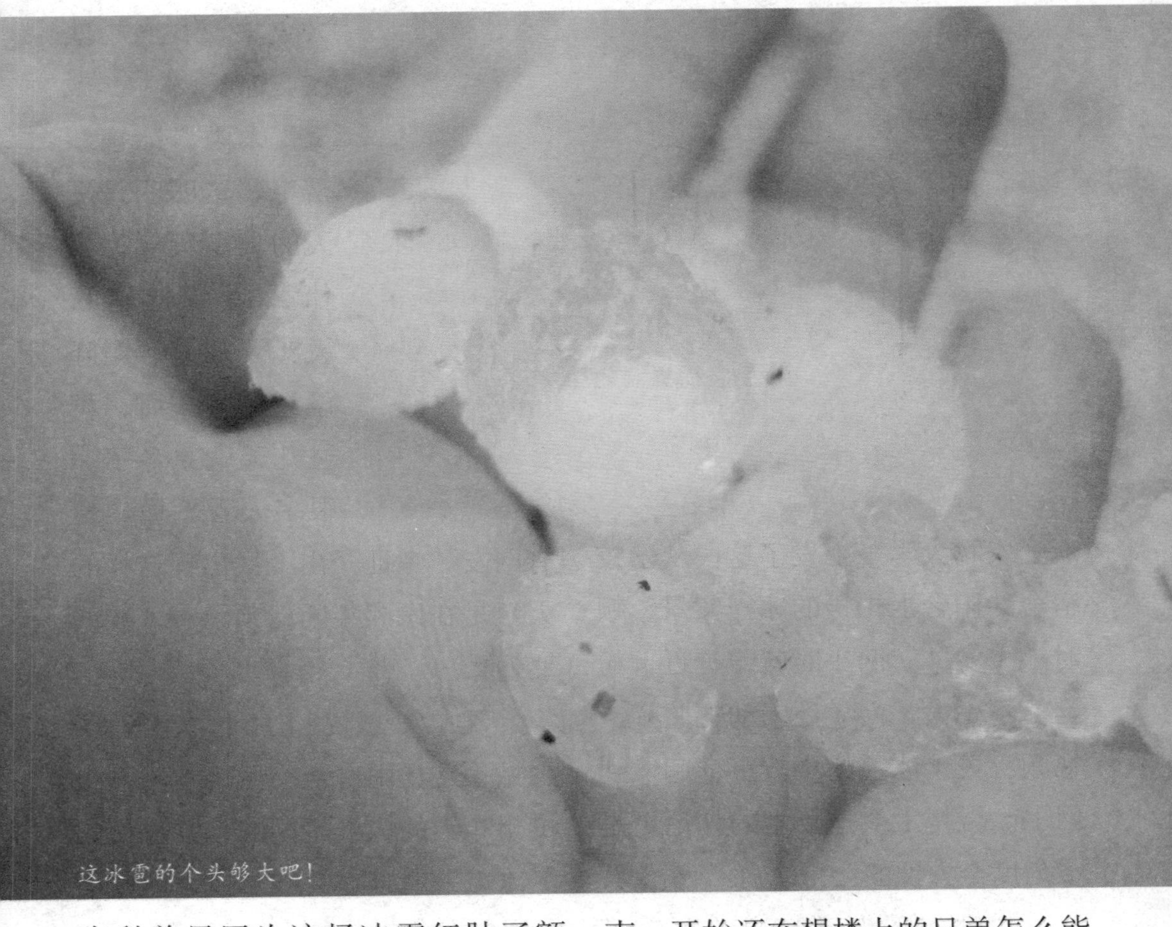
这冰雹的个头够大吧！

有科普男因为这场冰雹红肿了额头，甚至有文艺男直接在网上晒出自己的一颗红心：如果你在临安，和我一起手牵手去看冰雹。

这个数码男是浙江农林大学的吴杰龙，一个普通大二学生。他的微博、QQ、电话成了“轰炸重灾区”。他解释说：“我当时正在玩电脑，就听到外面乒乒乓乓的响声，开始还在想楼上的兄弟怎么能弄出这种音响效果来。”小吴跑到阳台一看，激动坏了：下冰雹了。

“赶快拍视频，大家共享。”听听吴杰龙视频中激动的声音，就知道他小宇宙的燃烧值有多高，“为了拍视频，我是冒着‘枪林弹雨’为大家奉献的。”

随后，他自己的微博“玩转

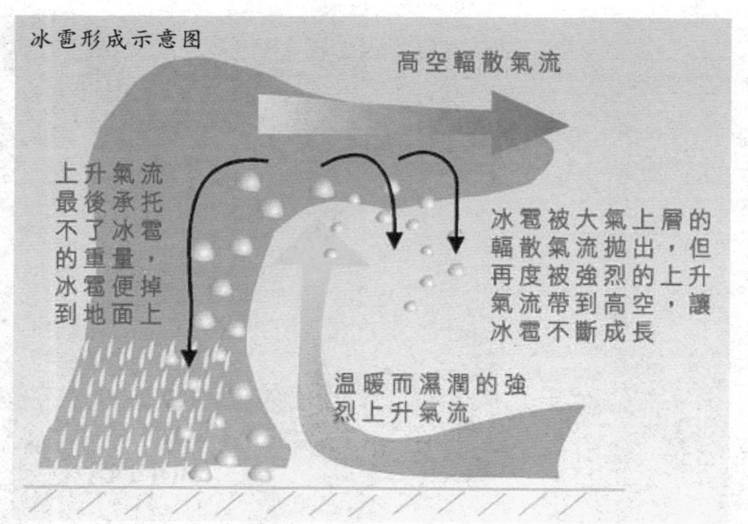


大一块，我当场就被震惊了。”

大雨、冰雹、雷电，这明明是夏天的典型天气，为什么会穿越到秋天？要知道，霜降已经过去一周，再过几天就立冬了。很多人看不懂，更

浙江农林大学”上发了这段从学校宿舍的阳台上拍摄的冰雹实景，顿时“大卖”。两小时就赚进近百粉丝。不少大学同学还主动把照片、视频、关于冰雹的小故事一起发到网上。微博上对这场雨的评论更是多角度全方位的：

欢呼雀跃表示欢迎的一定是爱美的女孩：“空气终于不再干燥了，好舒服。”喜欢伤春悲秋的人，开始“忧郁”：“下雨天有时候会有种莫名的伤感，想那些不该回想的事、那些不该回忆的人。”最惨的当属科普男，比如这位“胡菲菲”一下杯具了：“不就想收集个大点冰雹嘛，正中脑门，肿了好

有网友“考证”出上次出现这样的天气是在康熙年间，预示着气候改变云云。

气象专家说11月下冰雹确实少见，这场雨有点突然，本来预报杭州昨天的天气是阴的，并且杭州下冰雹一般是在3~8月。之所以会这样，就是因为强对流天气突然现身。

冰雹的成因，大家都知道：当湿热的空气进入到高空并冷下来时，空气里的水汽受冷就变成了雨滴，如果继续变冷，就变成小冰粒，小冰粒会反复碰撞“长大”，如果大到上升的气流托不住它们，就会落下来。只不过一般的秋天，

强对流天气不会发生。

不过最近的秋天有点“不普通”，因为副热带高压这个大暖炉又从东边的海上伸了过来，在暖湿气流的影响下，最近浙江的气温开始往上爬，地面的暖气团在上升时遇到高空的弱冷空气，就发生了类似夏天的强对流天气。

至于为什么冰雹对临安情有独钟？气象台专家分析，可能跟当地的水汽条件、地形都有关系。

## 石河子多普勒雷达防雹实例

2010年6月28日晚，一次超级单体风暴使石河子地区的下野地、莫索湾片区的部分团场相继出现雷电、冰雹、强降水等强对流天气，多种农作物遭受冰雹袭击。

利用多普勒雷达回波资料，着重从强度、速度、液态含水量等产品资料分析其特征，冰雹是垦区夏季多发的灾害性天气，垦区测站稀少，对流单体尺度小、发展快，通过分析雷达产品，为预测、预警冰雹及强降水发生的时段和落区提供一定的可能性。

在这次冰雹灾害中，冰雹最大直径约1.5厘米，农作物受灾面积666.7公顷。148团、149团冰雹受灾面积为约1 300多公顷，重灾面积近170公顷。

被冰雹袭击后的庄稼

## 下雹时应该注意什么

万一在外遇到了冰雹，不要慌乱地四处跑。由于冰雹天气经常伴随着雷雨天气，因此在空旷地带不要躲在大树下，以防被雷电击中。

如果没带伞的话，要用双手或其他物品保护好头部，避免被冰雹砸伤，迅速地跑到安全的地方。

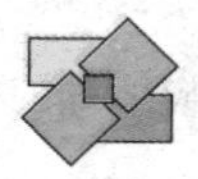

### 迷你知识卡

#### 冰河期

冰河期地球表面覆盖有大规模冰川的地质时期。又称为冰川时期。两次冰期之间为一相对温暖时期，称为间冰期。地球历史上曾发生过多次冰期，最近一次是第四纪冰期。

地球在40多亿年的历史中，曾出现过多次显著降温变冷，形成冰期。特别是在前寒武纪晚期、石炭纪至二叠纪和新生代的冰期都是持续时间很长的地质事件，通常称为大冰期。大冰期的时间尺度达107～108年。大冰期内又有多次大幅度的气候冷暖交替和冰盖规模的扩展或退缩时期。这种扩展和退缩时期即为冰期和间冰期。

冰河时期

# 冰雹
## ——少数名族地区的冰雹传说

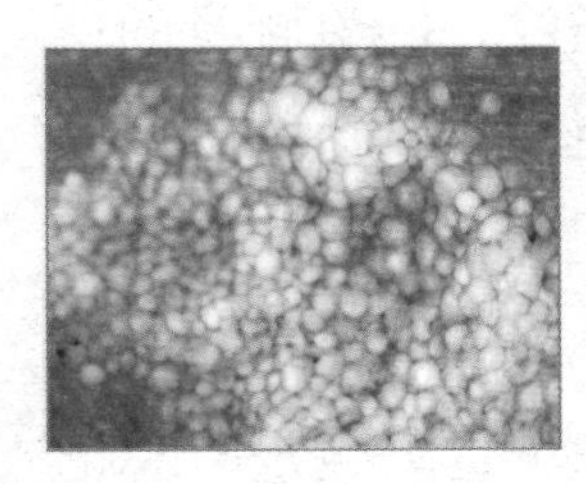

1. 高原严酷生活赐予他们的力量
2. 青藏高原骤雨冰雹随时降临
3. 释放冰雹的“域拉神”
4. 藏地古老的冰雹传说
5. 卡麦乡最后一位“冰雹喇嘛”
6. 布达拉宫上空不允许下冰雹
7. 替代法师的本地炮手们
8. 失业的冰雹喇嘛

不祥的铅云

## 高原严酷生活赐予他们的力量

秋收就要开始，不祥的铅云层层叠叠笼罩在唐麦村上空，翻滚如群群脱缰的野马，闪电不时在云层间划过，沉闷的雷声在山谷中隆隆回荡。但是，恶劣的天气丝毫没有影响人们欢乐的情绪。一大早，村里的男女老少就纷纷走出家门。

达热节

配上不事雕琢的大块琥珀、绿松石、红珊瑚就足以令万物失色。她们腰间的围裙那五彩的条纹，随着腰身的摆动，颜色变幻无穷，就像倾泻到地上的一道道流动的彩虹。

当然，他们也没有忘记打扮自己的儿女。孩子们和大人一样的服装，一样的配饰，一样的光鲜艳丽、光彩照人。人们都朝一个方向汇集：村东口插着五色经幡的白色无顶小房屋，那是供奉域拉的地方，即神垒。

域拉管辖着村子上空的天，村子附近的山，山上流下来的水，水边的土地，生活在土地上的人、动物和植物。域拉还是一位战神，因为他为了保护自己的属地，随时都会向入侵的神灵宣战。

达热节的最重要人物当然是次旦法师。此时，他正穿过人群不慌不忙地向神垒走去，一路频频向和他打招呼的人点头示意。村里的人

达热节是秋收前唐麦村举行的一次盛大的祭祀仪式。男人们头戴色彩鲜艳的织锦翻毛皮帽，身穿镶边的皮毛藏袍，腰间别着装饰精美的藏刀，脚蹬传统的藏靴。

当然，无论他们袍子上镶的是水貂皮、豹皮还是更为稀有的虎皮，都无法和他们的女人媲美。仅仅是她们脖子上沉甸甸的银项链，

对他很尊重，有的人还伸出舌头，表示敬意。次旦平时很随和，但在这种场合下要保持一个法师应有的矜持。

他身后紧跟着穿戴一新的大哥洛嘎、二哥顿旦，他们的妻子央宗，儿子晋美、嘉措和贡嘎。他们抬着一个铁箱子，拎着一个车轱辘大的牛皮鼓以及鼓架，背着一大筐食物，手提两大桶青稞酒，还抱着一小捆刚刚从地里割来的青稞。

次旦法师径直走向神垒附近一个给他预备好的矮桌，在矮桌后面的卡垫上盘腿而坐。洛嘎把拎着的鼓架子哐当一声放在次旦背后。顿旦一句话没说，连忙把它移到次旦左手边，把扛着的鼓固定在鼓架上，然后把钹放在次旦的右手边。

青藏高原

西藏多数地方荒凉

与此同时，次旦像变魔术一般从身边的铁箱子里取出金刚杵、铃、盛净水的银瓶、孔雀毛，用糌粑、酥油和红糖做成的像窝窝头一样的“措”以及经书一一放在矮桌上。然后把蘸了净水的孔雀毛在矮桌上晃动了两下。

央宗立刻在旁边点起一小堆糌粑和柏枝。她在煨桑，这是藏族人一种非常古老的传统，人们相信桑烟能净化空气，而且是天神喜欢的气味，桌上摆放的措则是给域拉和诸神的供品，象征着吉祥如意。

做完这些后，次旦闭上双眼，在专注的意念中入定，嘴唇微动。后来他告诉我，这是在观想本尊神马头明王、护法神吉祥天女和根本上师。人们都跟着他默默祈祷。

突然间，鼓钹齐鸣，次旦用右手的小拇指和无名指击钹，手里摇着的铃铛随着钹发出清脆的响声，左手则拿着鼓槌击鼓，抑扬顿挫的鼓声不断变换着节奏。

鼓声、钹声和铃声通过次旦灵巧的双手，显得那么和谐。次旦神情专注，动作协调，简直就像一支摇滚乐队在演奏。这些声音伴随着次旦愈来愈响亮的诵经声："东西南北中诸方神女呵，恭请您大驾光临！我们已为您设下丰美盛筵，等候您尽情享用。

酷爱肉的请吃肉吧，酷爱血的请饮血吧，酷爱皮的请取皮吧，我们倾其所有毫不吝惜。请您保佑我们风调雨顺、五谷丰登！"

祭祀仪式中还有一项重要的内容，就是唐麦村的村长把各家的男人分成几个小组，拿着今年从每家地里收割的第一簇青稞，放到村外的山上、水渠边、最远的田里、村里的十字路口、井边、各家的房顶。这是进献给各方神灵的供品，山神、河神、村神、井神，一个都不能落下。

在天边滚滚的雷声伴随下，在响亮的鼓、钹、铃和全村人的欢呼声中，次旦法师再次向域拉和诸神发出真诚的祈愿："期望众神灵及其眷属能心想事成，事事如意，战胜一切障碍，吉祥圆满。"

同时他也希望众神灵，尤其是域拉，对村里人的供品满意。"下次呼唤你们，请一定再来相助！"最后，次旦也不忘提醒诸神行善勿恶："完全调伏自心，是为佛之教法；诸法如同幻影，纯净明亮无垢污；不能持有不能言说，一切生于因和业；本性为无亦无处在，如此佛法要知晓。"

神圣的仪式结束了，全村人都

青藏高原骤雨冰雹随时降临

高原作物

站起来，围成一个大圈，每人手里都握满糌粑，欢呼着“愿善神得胜！愿善神得胜”，随着每一声欢呼，将糌粑一次次撒向空中，然后向男人的右肩和女人的左肩抹糌粑，相互祝贺。

撒完糌粑，人们打开他们带来的炸果子、奶渣、糖果、苹果、橘子、酥油茶，端起青稞酒，开怀畅饮，并开始放声高歌。快乐的歌声豪放如奔腾的河水，清纯如远山的白雪。这不光是佛陀的教诲，更是高原严酷的生活给予他们刻骨铭心的教训。

## 青藏高原骤雨冰雹随时降临

青藏高原上农作物的产量本来就不高，加上气候变幻不定，旱灾虫灾、骤雨冰雹随时都会降临，让人束手无策，只能祈求神灵的保护，向神灵祈祷，让他们高兴，进而得到他们的恩赐和庇护。卡麦乡所在的这个山谷是西藏最肥沃、人口最稠密的地区之一。

西藏多数地方还要荒凉得多。无需多出众的想象力，就可看到这样一幅情景：牧民驱赶着他的羊群游走在广袤的高原荒野上，很多天遇不到一个人，不得不独自面对苍茫的天地，听任大自然无情的摆布。

生活在如此令人生畏的自然环境中，靠什么来解脱呢？只能靠信奉种种神灵。而正因为这样，他们坚信只要生活在这个世界上一天，就要快乐地生活一天，因为生命无常，必须珍惜；因为自然严酷，必须乐观。正因为珍惜，他们感谢神灵的赐予、一年的收成、亲人的健康。正因为乐观，他们全家围坐，举杯庆祝，希望有一个五谷丰登的好年景。

往年的秋收在答谢域拉后第二日就开始了，但不知道域拉今年是不是没有听到次旦法师的祈祷，或者是对供品不太满意，几天来，唐麦村一直阴雨连绵，根本无法下地收割。

此时的青稞本应该在太阳下点头微笑，在田野里随风舞蹈，等待着人们热情的拥抱，可此时它们却在连绵秋雨的浸淫下，低头叹息。

## 释放冰雹的“域拉神”

西藏的农民他们没有广播、报纸，而西藏电视台的天气预报和卡麦乡的实际情况似乎没有什么关系，只能凭着生活经验，焦急地等待，等待域拉显灵，把雨停下，等待他们辛苦一年来唯一的收获。但是他们和我们一样，每天只有失

神垒

望。大家都抬头望天上的乌云，谁也没有应声。可能是怕域拉听见。

域拉权力很大，脾气也不小，很容易生气、发怒。如果人们忘了向他祷告，祭祀仪式不周，在森林里点火，或者背地里抱怨，都有可能使他不悦，其结果就是闪电雷鸣、狂风暴雨、大雪冰雹、干旱瘟疫。当地人认为这些灾难，尤其是冰雹，是域拉和其他神魔对他们的惩罚。冰雹是神魔的箭。

像域拉这样的地方神、龙神和雪山神都有释放冰雹的本领。最厉害的是雪山神，他们被称为冰雹王。西藏有18个冰雹王，总头领是念青唐古拉山神。

传说莲花生大师在驯服了念青唐古拉山神和其他能降冰雹的神灵后，告诉他们：你们只能够危害那些违约之人、虐待孩子的父母、不善待父母的孩子、残忍的动物和其他作恶之人，也可以把冰雹降在那些争斗不断或者是私生子很多的地方。

## 藏地古老的冰雹传说

藏地还有一个很古老的关于冰雹的传说，可谓家喻户晓。西藏最伟大的苦行者、解脱者米拉日巴7岁的时候，父亲不幸去世。从此，米拉日巴厄运不断。伯父强占了米拉日巴之父留下的家产，而且强迫米拉日巴的母亲做他的儿媳，母亲誓死不从。

母子相依为命，过着困苦不堪的生活。米拉日巴长大后，母亲让他出外学习诅咒之术，以报仇雪

祈求平安丰收

青藏高原

恨。三年后，米拉日巴学成归来，恰逢伯父家里举行婚宴。米拉日巴一声咒语，顿时晴天响起霹雳，伯父家的房子顷刻间全部倒塌，出席婚宴的35人丧命于废墟之下。接着，米拉日巴又念咒招来冰雹，把村里刚成熟的青稞打得稀烂，牛羊也死了多半。

但当米拉日巴看到乡亲们家破人亡的惨相，他懊悔了，于是毅然出家，潜心修行，几经磨难，终于悟道。

如果冰雹真是神魔的惩罚或是咒师的诅咒，这对江孜人意味着什么呢？根据江孜县志的纪录，从1956年到1980年，江孜县遭到冰雹灾害170次，平均每年近8次。1984年发生了一次罕见的雹灾，最大冰球有乒乓球大，90%的农作物被毁。1994年，卡麦乡遭受特大雹灾，卡卡沟上面的6个村子几乎颗粒无收。

在农民只靠种地为生的年代，西藏农民的平均收入曾一度在全国领先。但现在内地农民依靠办乡镇企业和外出打工，收入不断增加，

牦牛

着铁的家什来了，我的左手叉着五个手指来了；到时头挨刀、脚砍断，弄出个牦牛大的伤口我就不管啦！”

当然，除了警告，他们也不忘记祈求：“田地啊，你有时间等，我没工夫候。在春天和夏天，我们给你吃得不算坏，喝得不算坏，今后还要给你吃得更好，喝得更多，送肥送水，像服侍老爷喝茶喝酒一样勤快！今天我们割青稞，像酒徒喝酒一样彻底，像猎狗捕猎一样凶狂，像爱喝白的人喝酸奶子一样贪婪，像爱喝红的人喝牛血一样玩命！像岩羊跃过山岩，像黑猫跳过水槽，像白马驰过浅滩……”

相较之下，在江孜，除了一些家庭能织地毯，挣钱的路子并不多。

近些年，卡麦乡的年轻人也开始外出谋生，但是他们只会说藏语，而且没有什么技能，多数人只能在拉萨或者是藏北那曲的建筑工地上做小工挣钱，补贴家用。如果温度突然下降，往往预示着冰雹即将来临，而冰雹就会让一年的辛苦化为乌有。

著名民俗学家廖东凡的《雪域西藏风情录》中记录，给土地神献上青稞酒和糌粑：“今天我们开镰啦。请告知青稞地里的神灵和生命，有头的藏起头，有脚的缩起脚；不藏头，不缩脚，我的右手拿

## 卡麦乡最后一位“冰雹喇嘛”

在西藏的一些村落，人们习惯称次旦法师为“冰雹喇嘛”。有的家庭甚至出过六代冰雹喇嘛。但是

随着科技的发展，这些年他们失业了。几年前，县政府为冰雹多发的乡购置了高射炮，在冰雹还未形成之前，把乌云驱散，村里人再也不请冰雹喇嘛施展法力来驱赶冰雹，于是冰雹喇叭也随之失业了。

曾经的辉煌驱雹经历让次旦法师缅怀不已，每次做法事的时候，次旦法师总会戴着驱冰雹时专用的帽子，一个紫红色的尖顶帽。面前的桌子上是一个托盘，里面堆满青稞，桌上放着一小捆尖尖的杵、橛、一个白色的海螺，以及念珠。次旦解释说，杵代表雄神，橛代表雌神，它们是佛身，法螺代表语，擦擦代表意，这些法器和一件袈裟就是他驱逐冰雹的全部用具。

次旦还介绍说，驱逐冰雹要从冬天开始准备，3个月的闭关修行磨炼了意志，也增强了法力。春天青稞抽穗的时候，就把用咒语加持过的、代表雄神和雌神的杵和橛绕地插在田里。然后在村头的神垒举行盛大的祈祷法会，通过入定，祈求域拉和诸神不要危害庄稼。

此后的整个夏季，每周五做一次法事，而且一旦天上有乌云，就开始念经做法。这样一直要坚持到秋收结束。

次旦说他会看日出，然后看云彩，看里面是否有冰雹。有经验的冰雹喇嘛从云彩的颜色、形状、亮度和厚度就可以判断是否会下冰雹。如果乌云形成一片，他就选择适当的时机吹响海螺，海螺一响，护法神就能帮助阻挡冰雹。

预祝丰收

如果天气继续恶化，他最后的办法就是挥动袈裟；再不行就把袈裟抛向空中，他说那样肯定管用。次旦做法的时候，一旦他在地里插上法器，女人和羊就不能下地，否则法力就失效了，这就是为什么黄昏后女人不能靠近田地，每家要把羊圈起来的原因。如果一年下来没有冰雹，村子里每一家要给他收成的一部分，大概500多千克青稞。

他不光是负责本村，还负责为另外四个村子驱逐冰雹。虽然最远的村子在70千米以外。但是这让人困惑。他是怎么负责的呢？是乌云来临的时候村子里的人给他打电话，还是次旦能预测那些村子什么时候有下冰雹的危险？

如果最远的村子70多千米，他来得及跑过去吗？次旦却说他只要站在我家的屋顶上看风向就行了，他能通过地里插的那些雄神和雌神来遥控乌云的走向。

## 布达拉宫上空不允许下冰雹

据说，布达拉宫的上空是不允许下冰雹的，但是，有一年，不可想象的事情发生了。一场暴风雨

布达拉宫

藏民丰收的青稞

后，拉萨下起了冰雹，布达拉宫也未能幸免。

布达拉宫里两位专门负责驱逐冰雹的喇嘛被处罚。据民俗学家廖东凡先生研究，对失职的冰雹喇嘛的处罚是："重则皮鞭抽，轻则罚款，罚栽树，栽一千棵树。"如果布达拉宫都不能免于被冰雹袭击，何况一个小小的唐麦村？

## 替代法师的本地炮手们

卡麦乡全乡12个自然村只有一门高射炮，这是一种口径37毫米的单管高射炮，放在通往乡政府那条路边的青稞地里，距离唐麦村不到一公里。笔者第一次下乡开车路过此地时，见堂堂正正摆着一门高射炮，觉得非常奇怪，以为这里驻扎了防空部队，转念一想，卡麦乡有何可防的，敌机又不会飞到这里来。后来听人介绍，才知道它的用途。

不知道次旦法师每次路过这里，看到它，心里是何滋味。这门高射炮架在青稞地里，高高的炮身显得格外威武，草绿色的漆皮擦得干干净净，炮口直指天空，炮筒上系着一条洁白的哈达，在风中飘动。高射炮旁边，是炮手休息的帐篷。

炮手都是附近村子里的农民，其中一位还是次旦法师的邻居，一发炮弹要60多块钱。

一般在我们打炮后五六分钟，乌云就会消失，天空一片晴朗。现场采访炮手时，他们说："当然。过去我们都靠冰雹喇嘛，现在有炮了，就不用喇嘛了。""请冰雹喇嘛要用我们很多粮食。"正在装填炮弹的另一个炮手说。炮手用最快的速度把炮弹推上膛。主炮手抬头看了看空中翻滚的乌云，稍微调整了方向和角度，然后告诉我们准备完毕，可以发射了。

法师的面具

炮手们工作起来态度特别认真，动作也很麻利，看起来训练有素。他们经过县农牧局培训的，考试合格后才能当炮手，工资和所使用炮弹的费用由各村分摊。好在他们每年就是秋收的时候工作，所以村里的负担不是太重。

作为冰雹喇嘛，次旦已经丢掉了他最重要的工作和最可观的一笔收入——每年上千千克的青稞。在过去的一个月里，因为忙于准备秋收，村里来找他看病或者算卦的人明显减少，所有重要的法事活动，

比如结婚、祈福、消灾、盖房等，都要等到秋收以后。

次旦原来还希望他们家三个儿子中有一个能够继承祖业，成为第七代冰雹喇嘛，但是他的愿望也许要落空了。

## 失业的冰雹喇嘛

据资料记载，1967年江孜遭遇了一场特大冰雹，不但庄稼颗粒无收，冰雹还砸伤了不少群众。

从春耕到秋收，人们为了得到域拉的护佑，每周定期祈愿，并且敬献最上品的粮食，进行最虔诚的祈祷，表达最诚挚的谢意。他们所求不多，只希望能够风调雨顺，让一年的辛苦有一个满意的收获，可是到头来，春天干旱少雨，秋天阴雨绵绵，粮食的收成只是去年的一半。

次旦法师介绍说，过去秋收之后，当地人要再举行一场盛大的法事，收成好要对域拉的护佑和赐予表示衷心的感谢，年景不好，就像今年这样，则向域拉忏悔，检讨他们做得不到的地方，真诚地请求

青藏高原丰收季节即将到来

域拉的宽容和原谅，保证来年一定会献上更丰富的供品，诵更多的经文，做最虔诚的祈祷。

有人问次旦法师：“如果人们做到了许诺的一切，来年的收成依然不好呢？”他平静地回答：“我们依然会做下去，域拉的赐予多和少并不重要，对神的供奉，也是一种施舍，这种美德才是最重要的。积德行善一定会有回报，不在今世也会在来生。”

淳朴、善良、虔诚至极的藏族同胞，他们怀着的，是一颗永远都在忏悔和感恩的心。

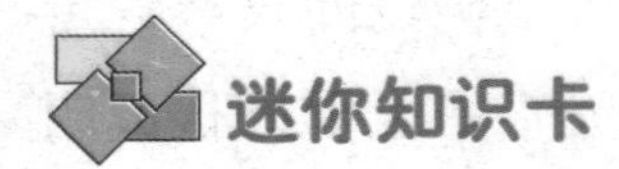

## 迷你知识卡

### 喇嘛

是藏语，意为“和尚”。本来并不是每个出家人都能称为喇嘛的。正确的称呼是：出家的男人受十戒的称沙弥，受具足戒的称比丘；出家的女人受十戒的称沙弥尼，受具足戒的称比丘尼。在中国的内蒙古、青海、西藏等处，皆称僧为喇嘛，意思是上师。上师意为“善知识”。

### 法师

法师，又译说法师，法师本是一种学位的称号，要通达佛法能为人讲说的人才能称法师。在佛教中，凡能演讲佛经的出家比丘称为法师。在道教中，精通经戒、主持斋仪，度人入道，堪为众范的道士叫法师。

# 第7章 冰雹
## ——“人雹”菲利斯和法老之灾

### 飞上天的菲利斯少校

有关冰雹还有一个让人唏嘘的传奇故事，虽然只是故事，但却让人很好奇。1943年夏天，在法国北部沿海重镇勒阿弗尔，人们一片惊慌。

当时，法国已被德国法西斯占领，纳粹为了攻占海峡对面的反法西斯中坚英国，在朝英国方向的海岸线上设立了许多秘密军事基地。盟军曾一度把注意力集中在离伦敦直线航程最短的加莱，三番五次进行密集轰炸，但是，他们很快发现，位于塞纳河入海口的勒阿弗尔才是德寇下了重大赌注的地方。

原来，德寇在这儿建造了一座飞弹工厂，按照设计能力，一枚飞弹能将近2 000千克炸药一下子从

浓积云

法国北部沿海重镇勒阿弗尔

法国打到英国首都伦敦，如果几十枚甚至几百枚飞弹同时自天而降，伦敦就会被炸成一个恐怖的巨坑。

英国情报机构决心不惜一切代价炸掉飞弹工厂，他们在皇家空军几次轰炸失败后，决定派出最优秀的侦察少校菲利斯去执行爆炸任务。

菲利斯被人称为“百战英雄”，他曾深入德国本土抓回密码专家。他会驾驶飞机、坦克，甚至能操纵潜水艇去海底遨游。他会说法语，德语也说得很纯正。

这一次，他带的爆炸物不多，只是十来根新颖雷管，但只要把它们插在关键部位起爆，炸掉飞弹工厂还是很有可能的，他对载他潜往勒阿弗尔的飞行员戴维说：“飞弹工厂有的是炸药，只要到了那儿，不愁它不飞上天！”

戴维微笑着点点头，不无忧虑他说：“但愿能空降到那儿。不过，去勒阿弗尔的飞机，很少有生还的，那儿的防空火力实在太猛烈了！”

听了戴维的话，菲利斯考虑了一下，起身将装雷管的箱子打开，取了五根，将它们小心绑在身上。

他又将降落伞包挂在滑行杆上，准备随时跳伞。

但是，飞机还未到达勒阿弗尔，德军的雷达就发现了他们，三架歼击机窜上来，向他们猛烈开炮。

## 他在浓积云中打滚

德军驻勒阿弗尔的一名王牌飞行员，一炮就摧毁了他们那架飞机的驾驶舱。幸亏菲利斯等候在座舱里，否则，他已与戴维一起上西天去了。

飞机燃烧起来，像没头的苍蝇那样胡乱向下坠去。德军飞行员又是一炮，命中了座舱，弹片横飞，竟将菲利斯的降落伞绳也削断了，随着阵阵爆炸，菲利斯被一股巨大的气浪抛向空中。幸运的是，他没有碰上任何金属片，完全像是从一个炸裂的气球里被抛了出去。

他在一刹那间像是被震昏了，但是，高空中有股强冷空气从西北面吹过来，他浑身一激灵，立刻又清醒了。

他的意识还有点儿模糊，似乎自己随着降落伞在空中飘浮，但当他一摸背上，立刻吓出一身冷汗：那儿只有降落伞的几截断绳了！

浓积云

但是，他感觉到自己确实在上升，而不是直向下坠。原来，他的身底下正有一股热气流在拼命往上升，强大的动力竟将他裹夹着送到厚厚的浓积云里。

菲利斯一时间竟弄不清自己是头朝上还是脚朝上，因为，当他被热气流抛上去时，他分明看见星星在他的脚下，但不一会儿，星星又在他头上了。当他再跌进浓积云里后，发现四周都是水气和小冰晶，顿时，浑身冷得直打哆嗦。

但是，他还是迅速摸了摸绑在身上的雷管和手枪，发现它们还在，心里顿时觉得十分安慰。他甚至异想天开地设想，有架德寇的飞机从身旁飞过，他伸手搭住它的翅膀，安全降落到勒阿弗尔的秘密基地里。

周围越来越冷。那些小冰晶被气流带动得互相碰撞，粘结，形成一个个小冰核，飘浮在持续上升的热气流上面。

## 随着冰雹一起降落的传奇少校

菲利斯少校发现，他的外衣上也沾上了亮晶晶的冰粒，他知道，气象预报并没有说要下冰雹呀，他被忽上忽下的两股气流带到了什么地方了呢?

这时，在他身下边的两千米处，正是德军的飞弹工厂！一位德国小姐正在用德语发出紧急通知：综合雷达和探测气球的数据，飞弹工厂上空即将出现暴雨冰雹，要求各部门坚守岗位，注意遭受雷击雹砸。

原来，菲利斯的处境十分危险：冰晶已经完全把他裹了起来，而且还像滚雪球那样，将他上下左右翻滚，不一会儿，就将他卷得像一个巨大的冰雹。菲利斯只是坚持举着他的右臂，不住地晃动一下，以保证空气能通过狭窄的孔道，自己不至于被冻死。

忽然，他觉得心里一慌，立刻敏感到开始下冰雹了。这时，他才真切地思考：自己从几千米高空掉下去，会摔成什么样子！

随着这个“人雹”的坠落，浓积云里形成的大小冰雹都稀哩哗啦往下砸，不一会儿，飞弹工厂的女播音员又用德语在敦促大家注意安全了。

在高速下坠中，菲利斯少校一点也没抱生存的希望，他只愿自己能砸到飞弹工厂的炸药库上，而不要掉到谁也不去的荒山顶上。

说来也巧，他竟掉到了一棵巨大的雪松树上。雪松横向伸出的枝条将他反弹了几下，敲碎了裹住他身体的松脆的冰壳，又使他从高处的枝条逐渐跌到低处的枝条上，最后，竟让他跌到夏季刚脱落的厚厚的松针上。

小冰晶

雪松树

时竟成了菲利斯少校的最佳着陆点。

他在厚厚的松针上躺了一会儿，听着四面八方传来的冰雹敲击地皮的声音，试着舒展了一下胳膊。立即将手枪拔了出来。这时，那位德国女广播员开始播音了，菲利斯少校立刻明白，他已被命运之神送到了目的地飞弹工厂。

一个德军哨兵持枪站在高高的了望台上，警惕地注视着通往炸药库的一片开阔地，他做梦也没想到，一个英国军人会跟冰雹一起砸向地面。

说实话，菲利斯少校跌得并不疼，只是像从两米高的地方跳到地上，雪松下的松针多年没有清扫，像是比毛毯粗糙一点的软垫。更巧的是，飞弹工厂的炸药库，偏偏就在附近！原来，德国人建造炸药时，特地选择了雪松环绕的隐蔽处，这里还有通往港口的河流，以备消防灭火及运送物资。谁知，这

不一会儿，菲利斯少校已弄清，炸药库近在咫尺，只要干掉了望台上的哨兵，他就可以放心地潜入炸药库去了。他蹑手蹑足爬上了望台，来到那个哨兵背后。

这儿的哨兵，已是最后一道哨位了，他的警惕性，比前几道岗哨差多了。这个哨兵从没见过下的这

么久、这么大的冰雹，他不住地伸出一只手去接冰雹，一点也没注意到菲利斯少校的到来。当他发现一只强有力的胳膊勾住他的脖子时，他竟一句话也喊不出来了。

## 敌人用冰雹和雪花作暗号

菲利斯少校将哨兵的尸体靠在柱子上，仿佛他还在忠诚地执行任务。接着，他悄悄摸到炸药库门口，躲在阴影里，留神四周的动静。

他听见门里有人在说话。那是一个军官在叮嘱士兵，他说："我得去检查一下花房的玻璃。我会叫汉斯中尉来代替我的。咱们将暗号改一改，你说'冰雹'，他回答'雪花'，记住了吗？"

军官说完，就打开门走了。过了一会儿，菲利斯上前敲了敲门，只听见里面问："冰雹？"他用德语回答说："雪花！"

门开了，那个卫兵揉着眼睛，想辨认站在暗中的是谁，菲利斯少校猛地给他一枪柄，就把他打晕了。真是天赐良机！炸药库规定要有两个人值班，偏偏那个军官是个养花迷，他容忍不了冰雹砸他的玻璃花房，擅自离开了岗位，甚至将暗号也暴露给了自天而降的"人雹"。

德国士兵

## 他愿意再当一次"人雹"

菲利斯少校迅速看清了炸药库的情况，他拖出几箱炸药，用导火索将它们联接在一起，将几个新颖雷管分别插在炸药箱上，打开它们的安全装置，让它们处于随时会爆炸的状态。

在离开炸药库前，他将一箱炸

药拖到门后，小心翼翼地插上新颖雷管，再一寸一寸地将箱子和门一起拖过来，直到那门只能容一只手通过，才轻轻缩回手，将门掩好。

他悄悄地来到河边，避开巡逻的士兵，潜泳到一艘即将离开飞弹工厂的运输船旁，抓住它的船板，让身体飘浮在阴影里，安全地通过了架有三道铁丝网的检查闸。

半个多小时过去了，他却一直没有听到爆炸声。这时，他躺在勒阿弗尔的一处沙滩上，正在后悔不该将手枪扔到海里，他想再寻找机会通过船只混进飞弹工厂，但又觉得，再要得到进入炸药库的机会，真比登天还难。

他想，一定是雷管出了问题。那个军官叫人替代他，不可能这么长时间还没去炸药库……

但是，事实却是，那个军官压根儿没找到汉斯中尉，他在花房收拾了好久，才气喘吁吁地赶回炸药库，一推门——轰隆！轰隆！轰隆！

爆炸声一阵接着一阵，炸药库上了天，整个飞弹工厂也上了天！

菲利斯少校望着冲天火光，笑了起来。忽然，他摸到了沙滩上一颗还没融化的冰雹，把它紧紧地贴在心口，低声说道："谢谢你们把我带到这里，我愿再做一次人雹……"

## 《出埃及记》中法老遭遇雹灾

自从摩西一气之下杀死埃及人以来，已经过去40年。原来那个法老已经死去，在位的是另一个法老，宫里的官吏也换了另一代人。摩西杀人的事早已被忘却，所以他

法老面罩

不再有被捕杀的危险了。

说实在的，有谁能认出这个身披粗布长擎，长着一脸花白的大胡子、手执牧羊杖的亚细亚人，竟是埃及公主的义子，当年风度翩翩的埃及贵族。摩西和亚伦会见法老，对他说："耶和华以色列的神这样说：容我的百姓去，在埃及的旷野里向我守节。这当然是一个花招，他们根本不想再回来受埃及人欺压了。

法老说："耶和华是谁，要我听他的话，要我允许你们到旷野里去呢？我不认识他。"

摩西和亚伦说："耶和华是以色列人的神，我们不听他的话就会受到瘟疫刀兵的攻击。求您允许我们带着我的人民到旷野里去3天给他献燔祭。"

法老被激怒了，他大发雷霆他说："你们不是要叫百姓旷工吗？他们旷了工，活儿谁来干？你们来替他们干吗？"

法老没有把煽动罢工的罪名加在摩西和亚伦身上，给他们治罪，因为他知道他们是以色列人的领袖，弄得不好会引起民变。但是他决定惩罚以色列的百姓，他吩咐自己的督工和他们委派的以色列官长说："你们不要照常把草给以色列人烧砖，你们要叫他们自己去捡烧砖的草，你们要求他们每天做砖的

摩西

数目一点也不要减少。”

埃及地处沙漠，柴草很难找到。以色列人散布在埃及全国捡碎秸当柴草为法老烧砖。百姓完不成任务，督工就责打以色列人的官长。官长们苦不堪言，他们遇见摩西、亚伦就抱怨说：“愿耶和华监察你们，施行判断，因为你们使我们在法老和他臣仆面前有了臭名，把刀递在他们手中来杀我们。”

摩西和亚伦进宫去见法老

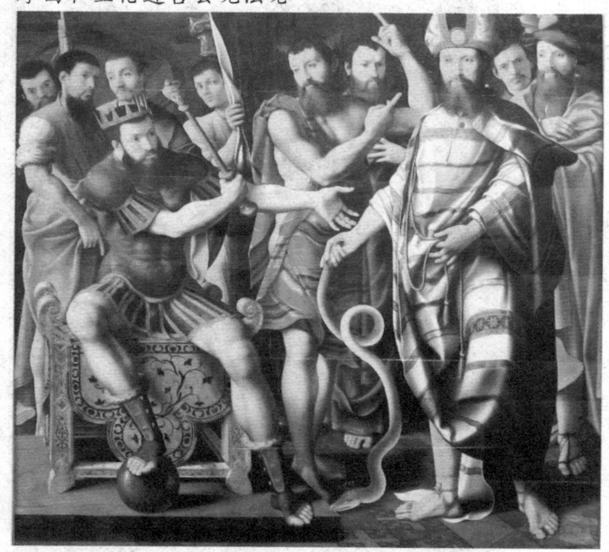

摩西感到非常惭愧，他觉得自己没有尽到责任却给同胞带来了更大的灾难。他甚至有些埋怨耶和华没有履行诺言。他求告上帝说：“主啊，您为什么苦待百姓呢？为什么我回来向法老说您的名字，他却不允许我们离开呢？你一点也没有拯救以色列人。”

耶和华对摩西说：“我要用全能的手惩罚埃及法老，我要使法老的心更强硬，也要在埃及大地多行神迹奇事。去到法老那里，对他说：让以色列人走出你的国家埃及去吧。但法老必不听你们的话。我要伸手重重地惩罚他们，把以色列人救出来。”

摩西和亚伦进宫去见法老。亚伦把手杖扔在法老面前，手杖变成一条蛇在地上爬行。他们以此证明上帝的神迹。对此，法老只是冷冷一笑，他召来术士，他们施行埃及法术，各人把手杖丢在地上，都变成一蛇。虽然最后亚伦变出的蛇吃掉了术士们的蛇，但法老不为之所动。

## 上帝在埃及连降十灾

摩西和亚伦就决定按照上帝的神谕行事，他们要连降十大灾难给埃及，迫使法老屈服。

第一回，摩西和亚伦按照上帝的旨意，给埃及降下血灾。他们去见法老，亚伦在法老和他的臣仆眼前举杖击打河里的水，河里的水都变作血了。河里的鱼死了，河水也腥臭难闻。埃及遍地都有了血，连木器中、石器中都有了血。埃及人无法饮用河里的水，只能在河边挖井汲水出来供人畜饮用。这种血水的法术共持续了七天。但是固执的法老不把这一切放在心上。

第二回，摩西和亚伦按照上帝的授意，给埃及降下蛙灾。亚伦把手杖伸到江河池塘的水上，水里就长满了青蛙。青蛙跳进了法老的王宫，他的宫殿上、寝宫中、床榻上、大臣们的房屋里、百姓的身上，到处都是青蛙。这回法老主动召见摩西和亚伦，对他们说："请你们求耶和华使青蛙离开我和我的人民，我就允许你们去祭把耶和华。"

摩西回答道："那好说，凭你说什么时候要青蛙离开陆地，只呆在河里，都可以办到。"

法老迫不及待他说："明天。"

第二天，所有陆地上的青蛙都死了。人们把死青蛙聚成一座座小山，埃及到处充满了腥臭。

法老见灾祸解除，他反悔了。以色列人仍然没有获得出埃及的批准。

第三回，按照上帝的命令，亚伦用手杖击打地上的尘土，使尘土在埃及遍地变作虱子，埃及人的身上和畜牲身上爬满了虱子。

以色列历史中的摩西

《出埃及记》中摩西劈开红海

警告他们将在埃及降下瘟疫。摩西对法老说："你如果不答应让我们去，埃及全国的牲畜都将在明天患瘟疫死去。"法老仍然是铁石心肠，对摩西的警告不予理睬。

但是虱灾没有使狠心的法老回心转意，他还是不肯听从摩西的话。

摩西见此情形就接着显现了第四回神迹，向埃及降下蝇灾。他让成群的苍蝇爬到法老、大臣和埃及百姓的身上，埃及人的房子里，道路上，到处都是成群的苍蝇，而歌珊地却没有一只苍蝇。

法老召来摩西和亚伦，对他们说："你们去吧，就在埃及祭礼你们的神吧。"

摩西请求上帝消灭了那些苍蝇。但是法老见灾难已除就再一次反悔了。

第五回，摩西进宫去见法老，

果然，埃及的牲畜，不论是马、驴、骆驼、牛、羊都在第二天死去了。只有以色列人的牲畜一个也没有死。

第六回，摩西按照上帝的吩咐，用炉灰在法老面前向天上扬起，这灰落在埃及人的身上或牲畜身上，成了起泡的疮。疮灾使埃及人坐立不安，不过这也未使冥顽不灵的法老开窍。

第七回，摩西听了上帝的话，用手杖向天空一指，上帝就打雷下雹，还有火闪到地上。雹与火相杂，甚是利害。这冰雹很大，从埃及开国以来都未见过。冰雹下在埃及全国，凡是在田间所有的人和牲畜，以及一切蔬菜和树木都被打死了。只有歌珊地没有下冰雹。

法老召来摩西和亚伦，对他们说："这一次我犯罪了，耶和华是公义的，我和我的百姓是邪恶的。这雷轰和冰雹已经够了，求耶和华马上停止雹灾，我就让你们离开。"

摩西说："只要我们向耶和华举手祷告，雷必止住，也不会再有冰雹。"

"摩西十诫"

## 屡次变卦的法老

但是当摩西把灾难止住后，法老再次变卦了。

在法老的屡次返回中，埃及又遭遇了几次灾难，第十回，上帝给埃及人降下头生子之灾。这是最后一个，也是最致命的惩罚。

在灾难降临之前，上帝预先告戒以色列人，叫他们做好准备。

他明喻摩西和亚伦，要他们传达圣命给以色列人说："你们要以本月为正月，为一年之首。本月初一，你们每一家都要准备一只无残疾的公羊羔；初四，你们要艳羊羔宰了，把羊血涂在自家门上，当天晚饭以色列人要吃烤羊羔肉，要与无酵饼和苦菜一起吃。我要越过你们去杀死埃及人的长子。"

摩西还告诉以色列人，吃晚饭前就要做好动身离开埃及的准备。于是那天晚上人们便戎装束腰吃晚餐。

到了半夜，耶和华看见谁家

法老面具

门上没有羊血，就走进去把那家的长子杀死，不管是法老的长子还是奴隶的长子，统统杀掉，就连一切头生的牲畜也都杀了。哭声遍及全国，没有一个埃及家庭不死人的。

只是到这时候，法老才真正意识到摩西的威力，他连夜召来摩西和亚伦，对他们说："去吧，去吧。把你们的以色列人从我的人民中带出去吧，去侍奉你们的神吧。这回你们什么都可以带去，连羊群牛群都带走吧。"

埃及人遭受如此惨重的灾难，惊魂失魄，以色列人早有准备，他们乘机报仇雪恨，抢劫了埃及人的金器银器衣裳等财物和各种兵器。这样以色列人有了金银财宝，有了武器，为和沙漠上的部族打仗作好了准备。

摩西把这一天定为逾越节，意思是耶和华越过了以色列人家，而只杀死了埃及人家的长子。

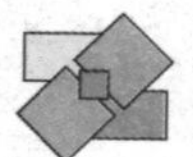

## 迷你知识卡

### 法老

法老是古埃及国王的尊称，也是一个神秘的名字，它是埃及语的希伯来文音译，其象形文字写作，意为大房屋，在古王国时代（约前2686—前2181）仅指王宫，并不涉及国王本身。

新王国第十八王朝图特摩斯三世起，开始用于国王自身，并逐渐演变成对国王的一种尊称。第二十二王朝（前945—前730）以后，成为国王的正式头衔。习惯上把古埃及的国王通称为法老。法老作为奴隶制专制君主，掌握全国的军政、司法、宗教大权，其意志就是法律，是古埃及的最高统治者。法老自称是太阳神阿蒙赖神之子，是神在地上的代理人和化身。

# 冰雹
## ——可防可控的“突发性事件”

### 中国雹灾东部多西部少

我国除广东、湖南、湖北、福建、江西等省冰雹较少外，各地每年都会受到不同程度的雹灾。尤其是北方的山区及丘陵地区，地形复杂，天气多变，冰雹多，受害重，对农业危害很大，猛烈的冰雹打毁庄稼，损坏房屋，人被砸伤、牲畜被打死的情况也常常发生。因此，雹灾是我国严重灾害之一。

中国冰雹灾害的区域分异深受受灾体的影响，通过对中国现有冰雹案例进行逐一的归类和分析，研究结果表明：我国冰雹灾害的主要受灾体类型有6大类、20种亚类，其中以粮食作物受灾次数最多。

从动态变化角度看，有以下四种亚类值得注意：一是玉米，受灾的位次，与其他作物比呈现上升，这与我国玉米种植的广泛性以及地膜玉米种植发展有关。

通过地膜来提早作物的生长

“颗颗饱满”的冰雹

期，无疑加大了冰雹成灾的时间段。二是棉花，受灾次数显著增加，尤其在棉花的一些主要种植区。可见，作物品种和作物面积的变化直接影响到灾情的放大或缩小。

三是蔬菜、水果、花卉受灾增加，随着城市化水平的提高，城市边缘带的蔬菜、瓜果、林果、尤其是花卉的发展，加上大棚技术的广泛使用，使其受雹灾发生的几率加大。可见土地经济作物产出的变化直接影响到受灾体的易损性程度。四是通信受灾次数猛增，随着国家通信事业的迅猛发展，特别是近几年网络的兴起，使得冰雹受灾体的易损性放大。

冰雹活动不仅与天气系统有关，而且受地形、地貌的影响也很大。我国地域辽阔，地形复杂，地貌差异也很大，而且我国有世界上最大的高原，使大气环流也变得复杂了。因此，我国冰雹天气波及范围大，冰雹灾害地域广。根据有关资料对中国冰雹灾害的空间格局进行对比分析，有下述四方面的认识。

第一点是雹灾波及范围广。虽然冰雹灾害是一个小尺度的灾害事件，但是我国大部分地区有冰雹灾害，几乎全部的省份都或多或少地有冰雹成灾的记录，受灾的县数接

冰雹灾害

葡萄上的雹痕

山前地段和农业区域，这与冰雹灾害形成的条件密切相关。

第四点是中国冰雹灾害的总体分布格局是中东部多，西部少，空间分布呈现一区域、两条带、七个中心的格局。其中一区域是指包括我国长江以北、燕山一线以南、青藏高原以东的地区，是中国雹灾的多发区；两带指中国第一级阶梯外缘雹灾多发带，特别是以东地区和第二级阶梯东缘及以东地区雹灾多发带，是中国多雹灾带；七个中心指散布在两个多雹带中的若干雹灾多发中心：东北高值区、华北高值区、鄂豫高值区、南岭高值区、川东鄂西湘西高值区、甘青东高值区、喀什阿克苏高值区。

近全国县数的一半，这充分说明了冰雹灾害的分布相当广泛。

第二点是冰雹灾害分布的离散性强。大多数降雹落点为个别县、区。

第三点是冰雹灾害分布的局地性明显。冰雹灾害多发生在某些特定的地段，特别是青藏高原以东的

气象台

## 冰雹也可以跟踪监测

20世纪80年代以来，随着天气雷达、卫星云图接收、计算机和通信传输等先进设备在气象业务中大量使用，大大提高了对冰雹活动的跟踪监测能力。

当地气象台（站）发现冰雹天气，立即向可能影响的气象台（站）通报。各级气象部门将现代化的气象科学技术与长期积累的预报经验相结合，综合预报冰雹的发生、发展、强度、范围及危害，使预报准确率不断提高。

为了尽可能提早将冰雹预警信息传送到各级政府领导和群众中去，各级气象部门通过各地电台、电视台、电话、微机服务终端和灾害性天气警报系统等向媒体发布“警报”、“紧急警报”，使社会各界和广大人民群众提前采取防御措施，避免和减轻了灾害损失，取得了明显的社会和经济效益。

冰雹出现时，常常伴有人风、剧烈的降温和强雷电现象。一场冰雹袭击，轻者减产，重者绝收。那么如何预测冰雹和预防冰雹呢?气象台站根据天气图、卫星云图分析和雷达监测，虽能提前作出预报，但准确中仍然不是很理想。

## “鸿雁飞得低，冰雹来得急”

雹是春夏季节一种对农业生产危害较大的灾害性天气。冰雹出现时，常常伴有人风、剧烈的降温和强雷电现象。一场冰雹袭击，轻者减产，重者绝收。那么如何预测冰雹和预防冰雹呢?气象台站根据天气图、卫星云图分析和雷达监测，虽能提前作出预报，但准确中仍然不是很理想。

中国劳动人民经过长期的看大实践，积累了比较丰富的预测冰雹的经验，这些经验尽管预测时效不长，比较好用。

下雹前常常出现大风而风向变化则烈。农谚有“恶云见风长，冰雹随风落”、“风拧云转、雹子片”等说法。另外如果连续刮南风以后，风向转为西北或北风，风力加大时，则冰雹往往伴随而来因此有“不刮东风不下雨，不刮南风不降雹”之说。

各地有很多谚语是从云的颜色来说明下冰雹前兆的，例如“不怕

冰雹会使土地减产

云里黑乌乌，就怕云里黑夹红，最怕红黄云下长白虫”，“黑云尾、黄云头，冰雹打死羊和牛”，因为冰雹的颜色，先足顶白底黑，然后中部现红，形成白、黑、红乱绞的云丝，云边呈上黄色。

从云状为冰雹前兆的说法还有“午后黑云滚成团，风雨冰雹齐来”，“天黄闷热乌云翻，天河水吼防冰雹”等，说明当时空气对流极为旺盛，云块发展迅猛，好像浓烟股股地直往上冲，云层上下前后翻滚，这种云极易降冰雹。

雷声沉闷。连绵不断，群众称这种雷为“拉磨雷”。所以有“响雷没有事，闷雷下蛋子”的说法。这是因为冰雹云中横闪比竖闪频数高，范围广，闪电的各部分发出的雷声和回声，混杂在起，听起来有连续不断感觉。

般冰雹云中的闪电大多是云块与云块之间的闪电，即“横闪”，说明云中形成冰雹的过程进行得很厉害。故有“竖闪冒得来，横闪防雹灾”的说法。

各地看物象测冰雹的经验很多，如贵州有“鸿雁飞得低，冰雹来得急”、“柳叶翻，下雹天”山西有“牛羊中午不卧梁，下午冰雹要提防”、“草心出白珠，下降雹稳”等谚语。要注意以上经验一般不要只据某一条就作定断，而需综合分析运用。

冰雹突袭

## 一场灾害测试出了经济适用房质量

曾经有一次大雨冰雹天，沈阳市和平区胜利大街十一马路和平新居1号楼北侧大片墙皮脱落，保温板“噼里啪啦”往下掉，总面积有近20平方

在冰雹中疾走

米。入住不到一年的经济适用房，一场冰雹天，保温板脱落近20平方米；雨水顺着窗台往屋流，地板泡鼓皮。

经历当晚冰雹灾害的人们回忆起当天的一幕，仍心有余悸。他们在屋内听到一阵巨响，还以为楼倒了，都慌了神，外面冰雹大，谁也不敢下楼看。

1个小时后，雨点渐小。居民发现，和平新居1号楼北侧从8楼至4楼的黄色墙皮大片脱落，保温板也脱落了，剩下一个近20平方米大小的见方的灰色地带。幸好，保温板掉落在平台上，没有砸到人。

“我们都没敢相信，因为房子是经济适用房，去年11月份入住的。”居民纷纷表示，房子质量太差，要次日找物业维修。就在大家为墙皮脱落一事不平时，有些居民跑出来说，地板被泡了，雨水顺着窗户往屋钻，“窗台上的水像瀑布一样。”回家查看情况，没想到地板上的水已经没了脚面，窗边写字台上的票据漂在水面上，墙缝里成绺地往下流水。

折腾到凌晨，居民们才将雨水清理完毕。

## 冰火也可一重天

2011年夏天，安徽合肥最高气温达到36.2度。一面高温如火，一面下起冰雹，“冰”与“火”怎么会同台亮相呢？气象台的专家挺淡定。他们解释说：“冰雹是强对流

天气发展的结果，夏天下冰雹属于正常的现象。空气暖湿，有足够的水分，加上旺盛的对流状态，就有可能产生冰雹。”

2011年，安徽省气象台继续变更发布高温橙色预警信号，全省大部分地区最高气温超过34度，其中最高气温达38.2度，出现在临泉，其次霍山和金寨38.1度。同时，部分地区出现雷雨大风、短时强降水等强对流天气。有24个乡镇出现7级以上阵风，9个乡镇出现8级以上阵风，最大巢湖半汤风速达到每秒26.1米。

“这哪里是下雨，简直就是在下‘火’，太吓人了。”经历恶劣天气的张奶奶着实被“路过”家门口的龙卷风吓到了，她称活了70岁还是第一次见到如此恶劣的天气。

## 冰雹面前敢“亮剑”

在面对恶劣天气时，可以进行人工防雹增雨作业，在强大火力网的控制下，将骄横跋扈的冰雹云压制得也没有了“脾气”，只能鬼哭狼嚎地翻滚着，发出刺耳的雷声并流下滋润桑田的“泪水”。

冰雹预报的关键是识别冰雹云。而冰雹云只是积雨云的一种，因此如何从不同类型的积雨云中识别出冰雹云，也就成为人工防雹首先要解决的问题。

从20世纪60年代以来，人们利用飞机、气象雷达和无线电探空等手段，对冰雹云和雷雨云的结构和演变等物理特性，进行了大量的观测分析，并研究了冰雹和雨滴在云中生长的条件和物理过程，从而对冰雹云的特征有了一定程度的认识。

同雷雨云相比，冰雹云具有发展更加旺盛、厚度更大、云中上升气流更强、水量更充沛、在0摄氏度层以上常有过冷大云滴较集中的区域等特点。云的外观上具有云底黑暗或呈黄色、翻滚强烈的特征。此外，在气象雷达回波上可见发展快、强度大和闪电频繁等特征。目前辩别冰雹云的准确率可达80%左右。

人工防雹就是采用人为的办法对一个地区上空可能产生冰雹的云层施加影响，使云中的冰雹胚胎不能发展成冰雹，或者使小冰粒在变成大冰雹之前就降落到地面。

进行人工防雹时要注意“预

冰雹砸坏的车

报准确”和“部署到位”，一般是作业指挥中心与炮站电台联系好，参加人工防雹的人员站加强值班、人员全部在岗、检查装备、弹药和通讯，密切监视天气变化、各县小雷达开机跟踪监测、机动火箭车和某预备役师高炮团时时待命，做好一切人影作业的准备。同时通过邮件、短信、电话、QQ群向各级部门提出要求。强调在作业过程中严格按照规范操作流程进行，杜绝一切安全事故的发生，及时反馈作业信息和天气实况等。

当雷达站监测出强雷雨云团移动时，参加人工防雹的火箭车接到指令后立即奔赴预设制定位置，当上空成为冰雹云的“海洋”时，一个个炸雷响起之后，一道道闪电将夜空划成两半。从每个电台中传出催促作业时间的声音汇成一曲曲交响乐。各炮站通过激烈的战斗，狠狠打击了冰雹云的嚣张气焰。

人工防雹一般有两种方法，第一种是往云中播撒成冰催化剂。这种方法的基本观点是，冰雹云中含水量很大，而自然冰雹胚胎为数不

巨型冰雹云

人工防雹

多，所以这些胚胎能充分地与过冷水滴并合而长成大冰雹。

播撒成冰催化剂以后，冰雹云中产生大量的人工冰雹胚胎，它们和自然胚胎争夺水分，使云中水量分散到大量的胚胎上，结果每一个胚胎都不能得到充分的水量而长成对农作物有损害的大冰雹。按此观点，一些国家广泛试验了用地面燃烧的方法，或用火箭、高射炮和飞机等手段，把大剂量的碘化银粒子播撒到冰雹云中去。另外，也有人试验在云的中下部播撒吸湿核，促进暖云降水过程，以减少冰雹生长所必须的水分供应。

第二种是爆炸法。用高射炮、火箭或土炮等，向云的中部和下部大量集中轰击。这种方法的物理机制还不够清楚。有人认为，爆炸能在一定条件下影响云中的铅直气流，破坏或改变冰雹云的自然发展过程；也有人认为爆炸能引起过冷水滴的冻结，从而产生大量的人工冰雹胚胎，限制各个冰雹长大。

人工防雹效果和人工降水效果的检验方法相似，只因降雹的时间和空间的变率更大，所以检验时困难更多，可靠性也更低。

50年代，法国和意大利进行的人工防雹试验，效果都不显著。60年代以来，苏联、中国、美国、瑞士和阿根廷等国家，都相继开展了这种试验。不过，各地的试验结果很不一致，有些得出无效或效果不佳的结论，有些则得出人工防雹使雹灾减少了30%～70%的结果。总之，人工防雹还处在试验研究阶段。

2012年，步入4月以来，贵阳市曾先后多次出现强对流天气。截止4月28日，贵阳市人影部门已组织炮站实施防雹增雨作业8次，共100余炮站申请作业近300次，实际作业200余炮次，消耗炮弹4 000余发，火箭弹50枚。虽然出现4个降雹日，但降雹乡镇均未出现雹灾，防雹效果明显。

## 小麦可以投保预防冰雹损失

冰雹是黔西南州的主要气象灾害之一，也是气象预报的难点之

人工防雹实验

小麦

一，由于冰雹具有突发性、局地性以及持续时间短的特点，长期以来预报效果都不是十分理想。冰雹多发的季节也是小麦乳熟、成熟期，一场冰雹将使小麦产量大幅度下降；对其他农经作物如早市蔬菜、樱桃等也将起到很好的保护作用。

由此可见，提高冰雹的短期和短时预报水平，对提高本地的农经作物安全，促进地方经济发展和社会稳定有十分重要的现实和长远意义。

2010年夏天，山东胶南市普降大雨，风雨夹杂着冰雹袭击了黄山经济区薛家店子西面的瓜地，将乒乓球大小的小西瓜砸得面目全非，已难以存活，导致该村十几户瓜农3公顷多西瓜接近绝产。“太心疼了，俺们每户损失得一万多元，要是西瓜也能像小麦一样可以投保就好了。”瓜农叹息说。

小西瓜被砸得面目全非，地里的西瓜秧子大部分已被冰雹砸断，地里到处散落着被砸掉的西瓜叶子，刚结出的个头约有乒乓球大小的西瓜也未能幸免。不远处一片花生地里，扣在垄上的塑料薄膜也被砸出了一串串小眼儿。

冰雹足足下了半个多小时，瓜秧已经开始枯萎了，如果过些天瓜秧实在缓不过来了，就得把地翻了，然后种上玉米，这样还能减少点损失。当地村民在冰雹灾害后不得不做这样的打算。

小西瓜被砸得面目全非

在青岛地区，农作物只有小麦和玉米有政策性保险，这两类作物可由当地村委组织人员到自愿投保的农民家统计亩数，进行公示后，统一到保险公司投保，而西瓜等其他作物暂时还不能投保。

为了让农民增收，并规避风险，各地都在积极落实小麦保险，一般投保费用在国家、省、市、县补贴的基础上，应由农民承担的部分继续实行由县乡公共财力负担，不用农民掏腰包，这样也能降低农民种植的风险。

## 冰雹频落预报难

我国是世界上人工防雹较早的国家之一。由于我国雹灾严重，所以防雹工作得到了政府的重视和支持。目前，已有许多省建立了长期试验点，并进行了严谨的试验，取得了不少有价值的科研成果。

冰雹降落点并没有规定性，不

存在郊区、市区的区别，只要大气条件适合，在任何地方都会有冰雹出现。并且，预兆冰雹出现的特征容易被强降水、雷雨大风等天气特征所掩盖，增加了预报难度。

为什么冰雹不能提前预报呢？气象台解释说，冰雹天气是一种尺度很小、生命史很短的突发性强对流天气，而且是在强对流发展非常剧烈时才可能出现，在强对流天气比例中仅占13%，而且大多数以局地出现为主，因此预报的难度非常大。

从技术上而言，很多时候，冰雹云团并不是以孤立的形式存在，周边往往有多个雷雨云团，预兆冰雹出现的特征容易被强降水、雷雨大风等天气特征所掩盖，进一步增加了预报难度。

因此在对冰雹这种强对流天气的预报，只能依靠多普勒雷达进行连续监测，尽可能在强对流天气发生的临近时刻发现冰雹特征，并及时通过预警的形式向公众发布；另外当预计冰雹在某个局地出现时，周边大部分地区大多以雷雨大风和短时强降水为主，因此气象部门更多的是预计该地区有雷雨大风和短

冰雹洗礼

时强降水，局部伴有冰雹。

雷达所起的作用和眼睛和耳朵相似，当然，它不再是大自然的杰作，同时，它的信息载体是无线电波。

雷达

事实上，不论是可见光或是无线电波，在本质上是同一种东西，都是电磁波，差别在于它们各自占据的频率和波长不同。其原理是雷达设备的发射机通过天线把电磁波能量射向空间某一方向，处在此方向上的物体反射碰到的电磁波；雷达天线接收此反射波，送至接收设备进行处理，提取有关该物体的某些信息，比如目标物体至雷达的距离，距离变化率或径向速度、方位、高度等。

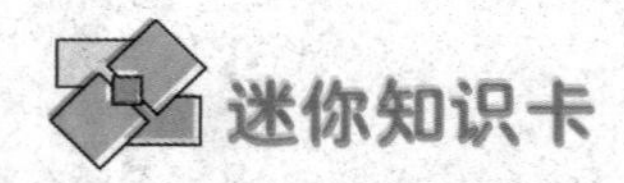

## 迷你知识卡

### 人工防雹

人工防雹就是采用人为的办法对一个地区上空可能产生冰雹的云层施加影响，使云中的冰雹胚胎不能发展成冰雹，或者使小冰粒在变成大冰雹之前就降落到地面。

# 第9章 不断更新升级的“冰雹”事件

## 冰雹不落安州城

传说，玉皇大帝和王母娘娘有八个女儿，八仙女是玉皇大帝和王母娘娘最疼爱的一个小女儿。她天资聪明，圆圆的脸上有一双黑溜溜的眼睛，非常讨人喜爱，格外被父母宠爱，因而她也非常顽皮。在天宫里，她随意玩耍，七个姐姐居住的地方任意留宿，谁对她也没办法。天上众仙都称她小八妹。

小八妹七岁那年的秋天，何仙姑趁玉皇大帝和王母娘娘高兴，提议云游华北白洋淀。平时玉皇大帝常听众仙讲“上有天堂，下有白洋

神话传说中的玉皇大帝形象

淀”，白洋淀和天堂到底能不能相提并论，他也很想证实一下。

于是，玉皇大帝批准了何仙姑的提议，带上妻儿，在众仙的簇拥下，驾着云，来白洋淀游玩。

玉皇大帝和王母娘娘等人一到白洋淀上空，立时感到这里的空气格外新鲜。眼见那蔚蓝的天，碧绿的水，相互争艳的荷花，一望无际的芦苇，天上飞的、水中游的……

玉皇大帝连声道：“人间也有天堂呀！白洋淀赛天堂！”众仙也附和着叫好。小八妹在旁边又蹦又跳，直探着身子往下看，一不小心，她跌落到淀中，大家只顾赏景，谁也没有留意。

玉皇大帝和王母娘娘回到天宫后，白洋淀的美景一直使他们处在愉悦、兴奋之下。

半个月过去了，他们突然发现小八妹多日没来请安，找遍了整个天宫也没找到她的踪影。后经详查，才知道小八妹在云游白洋淀时丢失了。

原来，那天安州城的陈员外和佣人坐船去会朋友，在回返的途

传说中鸪丁鸟

神话传说中的鸪丁

中，总有一队鸪丁在船前飞，像是给他们带路。陈员外吩咐船家随鸪丁队行进。

走了不到半个时辰，奇迹出现了：成千上万的鸪丁在水中搭起了一座“鸪丁楼”。突然有人来到跟前，上边的鸪丁扑啦啦散开了，一个美丽的小姑娘怀抱荷花落入了水上。陈员外见后，立即吩咐随从把小姑娘救到了船上，回到安州城后，给她取名陈明珠。

天上一天，地上一年。当玉皇大帝派众仙查找到小八妹的下落时，她已是两个孩子的母亲了。玉皇大帝降旨令小八妹立刻返回天宫。善良的小八妹放不下养父母，更舍不得自己的丈夫和两个年幼的孩子，就给玉皇大帝和王母娘娘写了一封家书。

在家书上，她把“从天上跌落下来被鸪丁救起；陈员外待她如掌上明珠养育她长大成人；请先生教她识字作诗一直到有一个幸福家庭”的经过写了个详详细细，而且写得非常感人。小八妹信中最后请求父母准许她留在白洋淀畔的安州城。

陈员外一家人的善良、八妹的孝心，打动了玉皇大帝和王母娘娘。于是，玉皇大帝降旨：封八仙女遇难的淀叫“鸪丁淀”；安州城的陈员外搭救并养育了小八妹，冰雹不得降落在安州城，永保白洋淀风调雨顺。

从此以后，八仙女在安州享受着人间的天伦之乐，再也没回天宫。

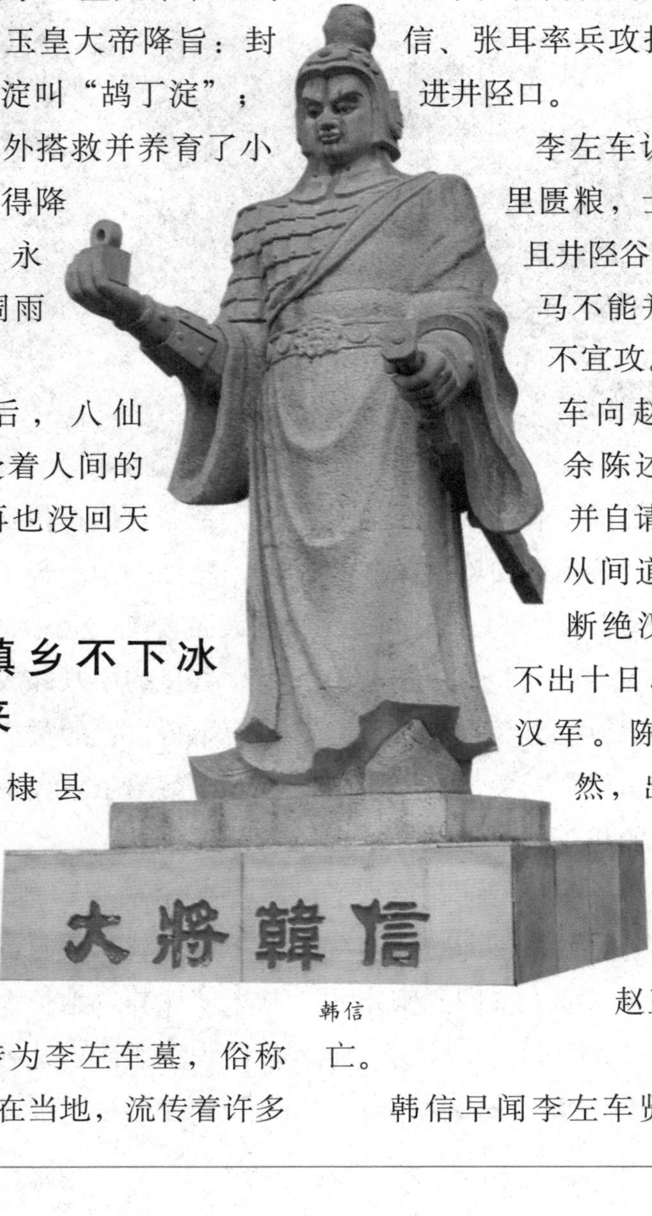

## “车镇乡不下冰雹”的由来

在《无棣县志·古迹》中有这样一段话：古丘，在车镇北一里，相传为李左车墓，俗称“保全庙”。在当地，流传着许多关于他的传说。

李左车，赵国名将李牧之孙。秦末，六国并起，李左车辅佐赵王歇，因有功被封为广武君。公元前204年，汉高祖刘邦派大将韩信、张耳率兵攻打赵国，兵进井陉口。

李左车认为汉军千里匮粮，士卒饥疲，且井陉谷窄沟长，车马不能并行，宜守不宜攻。于是李左车向赵国守将陈余陈述其利害，并自请带兵3万，从间道出其后，断绝汉军粮草，不出十日，则可全歼汉军。陈余不以为然，出关应战。韩信大破赵军，斩陈余，擒赵王，赵国灭亡。

韩信

韩信早闻李左车贤名，赵亡

后，韩信悬赏千金捉拿李左车。不久，即有人将李左车绑送到韩信帐前。

韩信立刻为他松绑，让他面朝东而坐，以师礼相待，并向他请教攻灭齐、燕方略。李左车认为，现在汉军士卒疲惫，战斗力大减，如果和齐、燕军队硬拼，胜负很难预料。不如按甲休兵，镇赵安民，派人以兵威说降，齐燕可定。韩信采用李左车计，燕果然不伐而降。

李左车著有兵书《广武君》，论述用兵谋略，流传甚广。韩信被杀之后，李左车辞官回乡。他扶危济困，广施恩德，死后被封雹泉神。百姓怕他发脾气，乱撒冰雹，所以尊称他为“保全爷爷”。

无棣境内多处建有保全庙。据传，李左车自从被封为雹泉神以来，从不把冰雹往他的家乡撒，不管从什么方向来的冰雹，到此即戛然而止。至今，车镇乡没出现过一次冰雹。

## 俄军的火箭炮以“冰雹”命名

据俄罗斯《军事观察》网站报道，BM-21型“冰雹”多管火箭炮系统是前苏联时期研制的最著名的陆战武器之一，自1963年服役以来，已出口至全球30多个国家。

不过，随着俄罗斯新一代多管火箭炮开始服役，这种声名显赫的武器系统将逐步退出俄军战斗序

以“冰雹”命名的俄军火箭炮

列。

“冰雹”火箭炮在前苏联与中国1969年因珍宝岛(前苏联称其为达曼斯基岛)争端而爆发的武装冲突中首次亮相。

当时苏军通过几次“冰雹”火箭炮的齐射便将该岛全部覆盖。有俄军事专家猜测，不太可能有人在那场打击中幸存。

不过，再为完善的武器系统也有其使用寿命。俄军方认为，已服役40多年的“冰雹”多管火箭炮现在已不具备继续改进的潜力。

俄军方将开始采购新一代的“旋风-G”多管火箭炮系统，并将用其逐步取代服役BM-21“冰雹”。

俄国防部负责陆军事务的新闻发言人谢尔盖·弗拉索夫中校曾表示：“就弹药威力的提升、自动化的瞄准和导航系统而言，新型火箭炮的技术性能远远超过了其前辈。‘旋风-G’主要用于消灭和压制处于开放区域或掩体内的有生力量、装甲技术装备、炮兵、指挥所和其他目标。装备该系统是俄

BM-21火箭

巨型冰雹

陆军在现代诸兵种合成作战中扩展对敌实施远距离火力压制的方向之一。”

BM-21“冰雹”122毫米多管火箭炮系统的射程在20～40千米，一次齐射可覆盖大约15公顷的面积。

## 四川资阳降下10千克重巨型冰雹

2012年5月20日17时10分许，一块重约10千克重的冰块呼啸着从天而降，坠落在资阳市雁江区宝台镇石牛村15组一块山坡地中，像一颗“炸弹”一样，吓坏了村民，大晴天，怎么会掉下如此之大的“冰雹”？气象专家半信半疑：“罕见，没见过，不晓得，或疑是罕见陨冰？”

21日18时许，记者在石牛村15组冰块坠落现场看见，一个直径约50厘米、深约5厘米的大坑清晰可见。

目击村民老张当时与另一位村

被冰雹打坏的庄稼

民正在山顶的地里干活，突然响起一声“轰隆”巨响。两位村民以为是地震。稳住神后，他循声找去，在10多米远的一块凹地里，一块破碎的巨冰散落在地面，估计足有十几千克重。

“我当时只听得呼呼的风声，声音好大，感觉像是一只大鸟从身边飞过，接着便是‘轰隆’一声巨响，重重地砸在距我约30米的地方，只看见白花花的碎块散落一地。”一位谭姓村民说，她试着慢慢走了过去，却没了声响，“硬是吓得我好久心都在咚咚地跳。”

活了一辈子，她从没见过这么大的冰块。当时有的村民就直接用手捧了起来，“好沁手，稍微握久点，就感觉特别麻手。”

一位姓伍的村民告诉记者，她把捡回家的冰块放在了冰箱里，说着便从冰箱里取出一个白色塑料袋，只见晶莹剔透的冰块表面仍残留着部分红色泥土，捧在手里，阵阵冷气冒了白烟。

“朗朗晴空掉下一块巨大冰块，莫非是天外来的稀奇宝贝？”

天降巨冰的消息不胫而走，引来周边数百村民赶来看稀奇。村中最年长的老人均称未曾见过这样的稀奇事。

雁江区宝台镇一位林姓负责人表示，天降巨冰并非“冰雹”，疑是极其罕见的陨冰。他称，这一判断源于对网上资料查找比对。天降巨冰究竟为何物，还需权威部门进一步鉴定。

陨冰

## 神秘蓝珠随冰雹天降英国

据英国《每日邮报》报道，2012年1月26日的一场冰雹为英国人史蒂夫·霍恩斯的花园平添了数十颗蓝色的“冰珠”，这些晶莹剔透的小球到底是什么尚不确定。

史蒂夫·霍恩斯家住英国伯恩茅斯，26日那天他被突降的冰雹困在车库屋檐下约20秒，他看到当时的天空呈现出特别的暗黄色。

冰雹过后，霍

恩斯先生发现，从天而降的不止有冰雹，草地上还多了些弹珠大小的晶体。这位飞机工程师随即拾起一部分装进了一个罐子内，以便近距离观察。

霍恩斯告诉记者："那些晶体看上去像破碎的玻璃，其中有大概20个是完整的球体，冰雹到来之前它们绝对不在院子里。我从来没见过这样的东西。"他怀疑，这些晶莹剔透的小球可能是大气污染的产物。

伯恩茅斯大学的科研助理乔西·佩格猜测称，上述晶体可能是"海洋中无脊椎生物的卵"。气象学会的平尼认为，"这些小冰珠肯定是搭载积雨云而来，积雨云常伴随强对流天气，急速上升的气流有时会形成小型龙卷风，一些地面或海上的生物、物体会被吸入云层直到随雨、雪或冰雹重新降回陆地或海洋"。

霍恩斯的发现被传到网上后还引发了一些UFO迷的热烈讨论，甚至有人说这些"冰珠"是属于外星人的。

冰雹被龙卷风卷走

## 大义店村的“冰雹会”

冰雹会于建村不久即创办，十幡会是为冰雹会服务的一个团队。据传“十幡会”起源于明朝宫廷音乐，经过寺庙传播到本村，大义店村原有七座庙宇：即三官庙、天齐庙、药王庙、将军庙、五道庙、菩萨庙、城隍庙，每年农历正月初一和正月十五在原庙址祭拜、烧香并由十幡会与冰雹会同行助兴。

据说十幡会音乐与七座庙宇有关，创会原意为驱雹袪灾，祈求风调雨顺，后来在演变中增加了平安增福、延年益寿、婚姻美满、合家幸福等内容。

冰雹会属于吹奏打击乐，有十个曲目来回演奏故称十幡，即《黄河上》、《漫刘海》、《滚秀球》、《跳涧》、《十帮锣》、《大进宝》、《玉芙蓉》、《争春》、《小浪子》。

配上优美大度的表演动作和技巧，让人赏心悦目，心旷神怡。十幡曲中的其中二曲，由于前人已故而失传，只有曲目保存，已无人会吹奏。

音乐曲目十分独特，当今已属罕见，它活跃了人们的文化生活，净化了人们的灵魂，在某种程度上矫正了社会风气，其音乐有挖掘整理的必要性，冰雹会形成了一种凝聚力，形成了一种人民思古、从善如流的催化剂。大义店村冰雹会，是一个庞大的音乐队，人员近八十人，有十二杆大旗，镲二十一副，鼓五张，此外铛子、旋子、唢呐、管子、铙、钹、笙、笛、二胡样样齐全，冰雹会的打击乐由较复杂的镲舞和开道锣在河北省内属于独有。

冰雹会音乐会古老而庄重，蕴含古老内容，十幡会是佛教、道

教、民间音乐所融合的产物，具有古韵的典雅和民俗的活跃优美。

## 冰雹如刀打秃庄稼

59岁的宜川农民老李对着玉米地失声痛哭。陕西省部分市县分别遭受冰雹袭击，造成农作物大面积受损，给当地群众带来很大的损失。

一般情况下，冰雹来得急，走得快，防治虽然有一定难度，但还是可以通过一些人工的方法适当预防。方法可分为“防和消”：防，是在有条件的地方，可在作物或果树上，搭设防雹棚或防雹网，使作物免受其害；消，就是使用防雹弹打云，致使大冰雹不能形成。若农作物已经遭受雹灾，则要加强田间管理，如及时扶植、培土、施肥等，使作物尽快恢复生长。

在老李家的地中，不足2公顷的玉米几乎没有一片完整的叶子，紧邻的是他家近1公顷烤烟地，烤烟叶子也是满目疮痍。雨停后他看见自家地边的一片洼地上，冰雹好像铺了一层白塑料纸。

老李说，洼地上的冰雹积了有30厘米厚，大的似核桃，小的也和山杏差不多。再看自家地里的玉米和烤烟，叶片被冰雹袭击后，已变成了柳丝状。“玉米和烤烟加起来是2.7公顷地，今年我投资化肥等就花了近2万元，我估计损失至少在7万元左右，这让庄户人可咋活呢？”老李说，天公好像故意和他作对，与他家地仅隔不到百米的玉米地，竟然完好无损。

宜川县气象局一工作人员表示，宜川地处山区，气流在山势的影响下，极易在小范围内形成强对流天气，虽然影响面积不大，但是产生的毁坏性作用却极强，气象部门难以预告和及时防治。

咸阳北部地区长武、彬县、永寿等县部分村镇突遭雷雨大风和冰雹袭击，大批农作物及果树受损严重。

据彬县受灾较重的太峪镇拜家河村王姓村民说：“当时，鸡蛋大小的冰雹砸下来，我们村上大多都种玉米，冰雹让玉米基本上全部损失了，另外，村上还有近14公顷的梨园也遭灾。”

凤翔县彪角镇杨丹村突降冰雹，大至鸡蛋小至核桃的冰雹倾泻而下，持续二十多分钟，导致200多公顷农作物受灾，大部分玉米被冰雹砸得东倒西歪，西瓜也被砸得裂了口，就连路边的树枝都被砸断，损失严重。

“辣子花都打落了，要结辣子

玉米被冰雹打到

也得再等半个多月时间。”同日的一场冰雹过后，使彪角镇老营村一位苏姓村民家的玉米和辣子遭灾，有的打秃了叶子，有的打折了秆子。

## 蛋黄大的冰雹砸得人生疼

大连瓦房店市许屯镇遭到冰雹袭击，从下午3点左右开始，冰雹持续下了近半小时，大的冰雹有鸡蛋黄大小。据了解，当地是苹果产区，刚坐果的果实被砸碎、砸落，果农为此损失惨重。

黄豆大的冰雹砸在地上，溅起一阵尘土。“冰雹很快越下越大，越下越密，树叶和一些小树枝都被砸掉了，村部院子落了一地。”村名老张说，他当时专门留意了时间，冰雹下了二三十分钟，中间一直没间断。“这些年虽说也遭遇过冰雹，但都是下了不到10分钟，从没见过这阵势！”

北瓦村村民老王也告诉记者，这次下的冰雹最大的有蛋黄大小，砸在人身上生疼，“冰雹在地上下

如鸡蛋一般的冰雹

冰雹需达到一定重量才会下落

了一层，有5厘米厚，都看不到地面了”！

“树叶被打没了，刚结的果实都打碎了。”

“村民家菜园子里的黄瓜、芸豆、玉米被冰雹打得只剩下茎了，杨树、槐树树叶落得像秋天一样。”老张语气低沉地说。而受灾最重的是当地的苹果。

据了解，许屯镇是苹果产区，而在北瓦村，几乎所有的村民都以种植苹果为生。“现在的苹果刚坐果，已经长到鸡蛋大小了，现在打得叶子没了，果实也都给打落、打碎了。”老张说，他家有150多棵果树，品种是国光和富士，经过这次冰雹，基本已经绝收了，他估计今年要赔三四万元。“下冰雹时，好多村民都在家门口看着，但是眼瞅着受灾也没办法，不少老百姓都在家哭呢！”

## 科学预防冰雹灾害的措施

### 果园防雹的有效措施

冰雹发生比较频繁，近年来有加重的趋势，范围和概率在不断增大，给果农造成严重损失或绝收。冰雹多发期主要在夏季7～8月间，此时果树正处于幼果发育期，降雹会直接砸伤砸落幼果，造成果实表面坑洼不平，其千疮百孔易招致病害侵染，影响果实外观和内在品质。同时还会砸伤叶片和新梢，影响树体的光和作用和花芽分化，严重时砸伤树皮，形成二次发芽，导致树势衰退，引起翌年生长结果，且腐烂病大发生。

果园预防冰雹危害的最有效办法就是建立防雹网，尽管一次性投资较大，但可以连续使用几年，从防治效果来看非常合算，不仅能降低冰雹危害，同时还可减少鸟类为害果实。据在防雹区观察，还能防止叶蝉，降低风力，避免落果，日灼的作用。在降雹期及时收听天气预报，采用火箭、高炮等轰击雹云增温，化雹为雨。

对冰雹的防预

没有防雹网设施的果园受灾后，应及时喷布80%大生M-45可湿性粉剂800倍，或68.75%易保水分散粒剂1 000倍，70%甲基托布津可湿性粉剂800倍液加爱多收。并迅速树盘追施速效氮肥或膦酸二氨，加强光合作用，促使树体尽快恢复长势。

### 人工防雹

据《左传》记载，鲁昭公四

果园对冰雹的防预

年，春降大雹，相国季武子曾问别人“雹可御乎？”到了明、清时代，人工消雹已正式开始。

人工防雹时使用高炮或火箭将带有催化剂碘化银的弹头射入冰雹云的过冷却区，催化剂的微粒起到冰核作用，无数的冰核会瓜分过冷却水滴，不让雹粒越滚越大或阻滞冰雹增长的时间，以达到防雹的作用。

在科学技术迅猛发展的今天，人工防雹已成为切实可行、利国利民、科学人工影响天气的重要手段了，受到政府和社会的广泛关注。

要想有效地、及早地预防冰雹，就要首先识别产生冰雹的冰雹云。识别冰雹云最有力的武器是雷达。利用雷达可以定量地观测到云的高度、云的厚度、云的雷达回波强度等特征量，可以连续地监测云的移动方向和移动速度及结构变化，以做出准确的预报。

冰雹在中纬度地区最常见，往往能持续15分钟左右，一般出现于春、夏、秋天的中午到傍晚这段时

冰雹云

间，冬天很少。

冰雹气象预警分二级，分别以橙色、红色表示。

橙色预警：6小时内可能出现冰雹伴随雷电天气，并可能造成雹灾。

红色预警：2小时内出现冰雹伴随雷电天气的可能性极大，可能造成重雹灾。

**出行防雹措施**

出行时遇到冰雹，要及时躲避到建筑物或坚固的遮挡物下。

无遮挡物时，应躲到背风处，双臂交叉护住头部和脸部，屈体下蹲，手背部向上，尽量减少身体的暴露部位。

要注意地面积雹，以防滑倒。

有淤血、肿胀的受伤人员，可用散落的冰雹进行冰敷止血，严重者要及时送往医院救治。

如果驾车行驶途中突遇冰雹，应降低车速，尽快寻找合适的地方停车躲避，切不可加速逃避。地面积雹会降低车辆制动性能和行车稳定性，造成交通事故。

## 广西南宁冰雹酿灾

2013年3月13日晚，广西南宁部分地区出现因强对流天气引发的暴雨冰雹灾害，导致市郊吴圩镇多个村庄农作物受损，其中康宁村屯里坡近120公顷大白菜、空心菜绝收，机场高速周边多块大型广告牌损坏或倒塌，多条通信和高压线路被大风刮断。

明阳工业园区部分工厂活动板房倒塌，厂房屋顶被大风掀起。据了解，康宁村屯里坡空心菜供应占南宁市场超过90%份额，蔬菜绝收或将影响短期供应。

## 俄南部城市冰雹个头大如鸡蛋

2012年，俄罗斯西西伯利亚南部城市克麦罗沃遭罕见的冰雹和飓风袭击，造成20多人受伤，其中包括3名儿童。当地居民称冰雹凶猛，犹如“轰炸”。

最大的冰雹有多大

据报道，如“冰弹”一般的巨形冰雹直径长达5厘米，个头大如鸡蛋。冰雹打碎了居民楼的窗户，就连汽车挡风玻璃也无法抵挡。一位居民描述称，“这是真正的轰炸”。这一自然现象在该地区20年罕见。当地居民表示，事先并未收到灾害预警。

急救中心接到了至少20名伤者，其中包括3名儿童。而被冰雹打破的汽车，数量多得难以计数。

## “爱车男”用身体为爱车挡冰雹

据外媒报道，爱车一族们都非常注重对汽车的养护，会在汽车上投入不少的时间和精力。

日前阿根廷海岸城市马德普拉塔下起了冰雹，一名“爱车男”被人拍到身穿短袖上衣和短裤趴在车顶上，双手双脚像在划水般拼命拨走落在车顶上的冰雹，以免爱车被砸花。但他这样做的代价就是手脚都被冰雹砸得通红。

“爱车男”这样“用生命爱车”的精神令不少网友赞叹不已。

不过也有人质疑，车顶是汽车最不容易被注意到的部分，不明白为何“爱车男”要如此紧张地保护车顶。

爱车一族的恶梦

## 迷你知识卡

### 农业防雹措施

在多雹地带，可以通过种植牧草和树木、增加森林面积、改善地貌环境、破坏雹云条件，来达到减少雹灾目的；也可以增种抗雹和恢复能力强的农作物；还可以将成熟的作物及时抢收；在多雹灾地区降雹季节，农民下地随身携带防雹工具，如竹篮、柳条筐等，以减少人身伤亡。

**图书在版编目（CIP）数据**

图说冰雹 / 王颖，吴雅楠编著 . ——长春：吉林出版集团有限责任公司，2013.4

（中华青少年科学文化博览丛书 / 沈丽颖主编 . 环保卷）

ISBN 978-7-5463-9592-0-02

Ⅰ. ①图… Ⅱ. ①王…②吴… Ⅲ. ①冰雹一青年读物②冰雹一少年读物Ⅳ. ① P426.64-49

中国版本图书馆 CIP 数据核字（2013）第 039573 号

**图说冰雹**

作　　者／王　颖　吴雅楠
责任编辑／张西琳
开　　本／710mm×1000mm　1/16
印　　张／10
字　　数／150千字
版　　次／2012年12月第1版
印　　次／2021年5月第3次

出　　版／吉林出版集团股份有限公司（长春市福祉大路5788号龙腾国际A座）
发　　行／吉林音像出版社有限责任公司
地　　址／长春市福祉大路5788号龙腾国际A座13楼　　邮编：130117
印　　刷／三河市华晨印务有限公司

ISBN 978-7-5463-9592-0-02　　定价／39.80元